审计机器人开发与应用实训
——基于来也 UiBot

程 平 主编

Publishing House of Electronics Industry
北京·BEIJING

内 容 简 介

本书分为三个部分，共 8 章。第一部分是实训基础篇，主要介绍 RPA 审计机器人、来也 UiBot RPA 软件（简称来也 UiBot）的语法基础和自动化技术。第二部分是专题实训篇，分别列示了实训目的、实训要求、实训内容，详细介绍了在注册会计师财务报表审计实务中的凭证抽样、固定资产实质性程序、合并报表三个审计机器人的分析、设计和开发过程。第三部分是综合实训篇，主要介绍了在注册会计师财务报表审计实务中的应付职工薪酬审计实质性程序与货币资金审计实质性程序两个机器人的研发过程，通过场景描述、流程图、技术路线和开发步骤，详细描述了审计机器人的应用场景，以及审计机器人分析、设计、开发与运用的实训过程。

本书提供用于课程讲授的教学大纲、教学日历、教学课件等教学资源，同时提供基于来也 UiBot 进行审计机器人开发的数据资料和部分源程序等资源。

本书可以作为高等院校会计学、财务管理、审计学等专业智能自动化相关课程的教材，也可以作为计算机专业、软件专业、人工智能专业等学生进行 RPA 开发学习的参考教材，还可以作为审计从业人员、IT 从业人员和审计爱好者进行"互联网+审计"跨学科学习和培训的指导用书。

图书在版编目（CIP）数据

审计机器人开发与应用实训：基于来也 UiBot / 程平主编. —北京：电子工业出版社，2022.9
ISBN 978-7-121-44220-9

I. ①审… II. ①程… III. ①机器人－程序设计－高等学校－教材 IV. ①TP242

中国版本图书馆 CIP 数据核字（2022）第 158159 号

责任编辑：石会敏 特约编辑：侯学明
印　　刷：北京天宇星印刷厂
装　　订：北京天宇星印刷厂
出版发行：电子工业出版社
　　　　　北京市海淀区万寿路 173 信箱　　邮编：100036
开　　本：787×1 092　　1/16　　印张：11.75　　字数：299.2 千字
版　　次：2022 年 9 月第 1 版
印　　次：2024 年 12 月第 4 次印刷
定　　价：39.00 元

前　　言

写书，真的好难！

这是我主编的第二本与 RPA 审计机器人相关的教材。本书的编写同样得到了中国 RPA+AI 头部企业——北京来也网络科技有限公司的大力支持。第一本《RPA 审计机器人开发教程——基于来也 UiBot》因为其系统化、场景化、模拟化、趣味化的内容设计体系，受到了教育界和实务界的高度关注，社会反响强烈，目前在很多高校作为开设相应课程的首选教材，同时也得到了国内众多会计师事务所的关注，成为审计人员在数智化时代开启 RPA 学习的宝典。

作为一名审计学专业硕士生导师，多年来，我一直与会计师事务所、审计局和集团企业审计部门保持紧密的产学研合作与交流，联合开展了多个课题研究，公开发表了数十篇高水平论文。自 2017 年起，RPA 技术在审计工作中逐渐开始应用，我率领团队从 2019 年开始和容诚会计师事务所、重庆康华会计师事务所、天健会计师事务所重庆分所、信永中和会计师事务所重庆分所进行了多轮的交流与讨论，基于注册会计师财务报表审计工作场景开展了系列审计机器人论文的研究和机器人的开发。在总结相关研究成果和开发成果的基础上，我撰写了第一本 RPA 审计机器人著作，并于 2021 年 11 月出版。

2022 年 6 月，我的第一本 RPA 审计机器人著作被选为重庆理工大学的重庆市审计学一流专业"审计信息系统分析与设计"课程的教材。作为本书的作者，为了测试并完善教材、深化课程建设，我为会计学院审计学专业三年级两个班的本科生讲授该门课程。通过理论讲解、案例分析、翻转课堂、沙盘推演和软件模拟训练等教学方式的混合运用，学生们被逐一"激活"，迸发出高昂的学习积极性，"全情投入"整个课堂。学生们经常主动"折腾"元小蛮审计机器人到凌晨，这也成为班导师对这门课程的特别反馈。

为了回应更多的应用型本科院校和高职高专院校迫切希望开设与讲授 RPA 审计机器人课程的诉求，经过与出版社的沟通，并与国内相关院校进行多次讨论，考虑课程师资结构与专业背景的约束，我们决定编撰一本以实训为主的 RPA 审计机器人开发与应用教材。于是，"野蛮人"带领团队趁热打铁，延续第一本审计机器人著作的研究成果与案例积累，编写了这本《审计机器人开发与应用实训——基于来也 UiBot》。这本教材在内容上与第一本 RPA 审计机器人著作在案例内容上不重复、不交叉，教师在教学过程中完全可以结合使用。

审计人员学习什么

成本和效率是会计师事务所使用审计机器人的两大主要驱动因素。审计机器人的应用是会计师事务所数字化转型的必由之路，它使审计人员从繁杂、重复的审计基础工作中摆脱出来，有更多的时间和精力投入审计职业判断工作中。

审计机器人既然是对许多审计基础工作的模拟与代替，作为审计人员，又需要学习什么呢？难道像学习某些审计软件一样，努力完成功能操作吗？答案显然是否定的。遗憾的是，许多审计人员学习审计机器人的目标还错误地停留在一味地跟着案例操作步骤，亦步亦趋地完成程序开发，而对审计人员最重要的审计机器人分析、设计和运维能力并未特别关注和深入学习。

对审计机器人的学习，不仅是为了了解审计机器人的概念、特点和功能，熟悉 RPA 软件的语法基础、使用规则等开发技术，理解机器人流程自动化技术在审计工作中的应用，重要的是，熟练掌握典型应用场景中审计机器人的流程梳理与痛点分析、自动化流程设计、数据标准与规范化设计、技术路线规划、部署与运行设计、价值与风险分析，并在此基础上进行创新设计与开发，更重要的是培养业务、审计和技术一体化与流程优化思维，帮助会计师事务所基于人、业务和系统进行有机融合，从系统工程的角度构建基于内部价值链和外部价值链的全流程，规划、指导和协会计师事务所审计机器人的落地和应用，以此建立在审计领域的 RPA 技术咨询、运用与实施的核心竞争力。

如何讲授审计机器人课程

根据我们的教学实践，"审计机器人开发与应用实训"课程的教学实施建议学时为 32 个或 48 个课时。教学方式包括理论讲授、案例分析、翻转课堂、情境教学、项目教学、模拟训练等多种方式的融合应用。

基于本书开展教学，通过模块实训、专题实训和综合实训等多层次的审计机器人模拟实训，以及角色扮演和重现事务所审计工作中的一些典型应用场景，让学生身临其境，进行审计机器人的应用分析和开发学习，由浅入深、层层递进，逐步引导学生建立起新的审计工作思维模式，同时培养学生的创新思维和团队协作能力。

内容组织

本书内容从逻辑上分为三大部分：第一部分是实训基础篇，第二部分是专题实训篇，第三部分是综合实训篇。读者可以根据自己的前期基础、专业领域或兴趣爱好，有选择地进行阅读。

第一部分的内容包括第 1~3 章，主要介绍 RPA 审计机器人概述，UiBot RPA 软件的语法基础、自动化技术，以及 9 个模拟实训。

■ 第 1 章主要介绍 RPA 机器人流程自动化，RPA 审计机器人的概念、主要特点、主要功能、应用场景，审计项目备案及报告防伪码生成案例，以便帮助读者建立对审计理论和 RPA 技术的统一认识，了解 RPA 审计机器人的运行原理，也为读者学习本书后面的审计机器人开发内容奠定基础。

■ 第 2 章主要介绍 UiBot RPA 软件的组成、下载、安装，Creator 界面及涉及的数据类型、常量与变量、算术运算符、条件选择语句、循环语句等的用法，最后给出了一个投资收益审核模拟实训。

■ 第 3 章主要介绍 UiBot RPA 软件自动化技术，包括 Excel 自动化、邮件自动化、Word 自动化、PDF 自动化、浏览器自动化、OCR 自动化、Mage AI 自动化的组成、功能和应用，以及销项税金测算审计、审计报告邮件发送、生成询证函、关联方关系及其交易数据格式转换、企业盈利能力对比、交通费用报销审计、员工薪酬审计和采购业务审计 8 个模块审计机器人的实训场景描述、开发思路和开发步骤。

第二部分的内容包括第 4～6 章，主要以注册会计师财务报表审计为例，介绍了审计实务工作中凭证抽样机器人、固定资产审计实质性程序机器人、合并报表审计机器人的应用场景，是基于来也 UiBot 的综合应用，是进行审计机器人专题实训学习和开发实战的重点。本部分通过明确实训目的、制定实训要求、梳理实训内容，详细描述了审计机器人的分析、设计、开发，这部分内容是以财务报表审计应用为核心的专题实训。

第三部分的内容包括第 7~8 章，主要以注册会计师财务报表审计为例，介绍了审计实务工作中应付职工薪酬审计实质性程序机器人、货币资金审计实质性程序机器人 2 个典型的审计机器人应用场景，是业务、审计和技术的一体化实现。本部分通过场景描述、流程图、技术路线和开发步骤，详细描述了审计机器人的应用场景和审计机器人的分析、设计、开发与运用，这部分内容是以财务报表审计应用为核心的综合实训。

本书特色

我拥有 10 余年的 IT 从业经历和 10 余年的大学会计和审计教育经历，具有丰富的软件分析设计与程序开发，以及财会审信息化课程教学与人才培养经验，为本书适用于大学课程教学和社会培训的可行性打下了坚实的基础。

本书的最大特点是理论与实践兼顾，信息量大、知识点紧凑、案例丰富、实用性强，在目标定位、内容设计、案例设计、情景设计、模拟实训方面具有显著特色。

目标定位：本书的目标是帮助读者在"互联网+审计"这个审计和 IT 技术交叉领域的机器人流程自动化技术咨询和运用方面形成核心竞争力。本书主要适用于会计学、财务管理、审计学等专业的学生，以及会计师事务所的从业人员等，方便他们通过学习审计机器人技术，规划、设计、开发和运用审计机器人，替代其完成审计工作中的大量手工操作，在降低审计成本的同时提高审计工作的效率、质量和合规性，让审计人员专注更具"价值创造"的工作任务。

内容设计：本书的内容设计主要基于注册会计师财务报表审计场景，由浅入深、由易到难、层层递进，从 RPA 审计机器人的基础技术到审计场景中的典型应用，既有理论的讲解，又有案例的探讨和开发的软件实操。实训内容划分为模拟实训、专题实训和综合实训三类，通过这种良好的多层次和体系架构设计，读者只要跟着章节进行理论学习、案例研讨和软件模拟实训，就可以在不知不觉中掌握审计机器人的分析、设计、开发和运用。

案例设计：全书案例聚焦对企业财务报表审计工作中的"痛点"进行流程自动化设计，将鼠标键盘、界面操作、软件操作、数据处理、文件处理、系统操作、网络等自动化技术无缝嵌入案例的审计应用场景中，这种一体化的代入感能够建立"业务、审计、技术"一体化的理念，并让读者深度理解和有效掌握 RPA 技术在审计工作中的运用。

情景设计：综合实训篇的开发案例场景描述和流程自动化设计全部基于重庆数字链审会计师事务所的审计工作场景，寓学于乐，激发读者的阅读欲望。结合 RPA 技术的知识点，通过有目的地引入或创设具有一定情绪色彩的、以形象为主体的、生动具体的重庆数字链审会计师事务所审计工作"痛点"的对话场景，引发读者的共鸣，从而帮助读者身临其境，理解审计工作中 RPA 设计的动因，并使学习的知识得到良好的能力转化。

模拟实训：全书共设计了 14 个审计机器人模拟实训项目，包括投资收益核对模拟、销项税金测算、审计报告邮件发送等 9 个模拟实训机器人，凭证抽样机器人和固定资产审计实质性程序机器人 2 个专题实训机器人，以及合并报表审计机器人、应付职工薪酬审计实质性程序机器人、货币资金审计实质性程序机器人 3 个综合实训机器人，覆盖财务报表审计中的重要应用场景，具有较强的体验性、实战性、综合性和有效性，读者学习之后直接或者稍加改进，就可以轻松用于具体的审计工作场景。

配套资源

本书可提供：

- 审计机器人开发的相关文件、数据和部分源程序等学习资源；
- 课程开设的教学大纲、教学日历、教学课件等教学资源；
- 课程开设的师资培训。

本书配套资源可到华信教育资源网（https://www.hxedu.com.cn）免费注册下载。

适用读者和课程

本书可以作为（但不限于）：

- 普通高校本科和高职高专的会计学、财务管理、审计学等专业的审计信息化、RPA 审计机器人、智能审计等相关课程的教材；
- 普通高校计算机专业、软件专业、人工智能专业等学生进行机器人流程自动化（RPA）开发学习的参考教材；
- 会计师事务所审计人员、企业内部审计人员和政府审计人员提升工作能力的培训用书；
- 初级审计师、中级审计师、高级审计师及注册会计师提升工作能力的学习用书；
- 来也 UiBot 审计机器人开发的培训用书；
- 欲通过 RPA 提高自己的核心竞争力，考取来也 UiBot 审计机器人证书人员的学习用书；
- 审计爱好者进行"互联网+审计"跨学科学习的指导用书。

勘误和支持

由于水平有限，书中难免会出现一些错误或不准确的地方，恳请读者批评指正。读者可以通过以下途径反馈建议或意见。

- 即时通信：添加微信（chgpg2006）反馈问题。
- 直接扫描二维码添加个人微信或添加【云会计数智化前沿】微信公众号。

- 电子邮件：发送 E-mail 到 4961140@qq.com。

致　谢

在本书的撰写过程中，我得到了多方的指导、帮助和支持。

首先，感谢中国会计学会会计教育专业委员会和会计教育专家委员会主任委员刘永泽教授，会计教育专家委员会秘书长杨政教授和智能财会联盟对重庆理工大学"互联网+审计"教育改革的认可及其对本书的指导、支持和帮助。

其次，感谢容诚会计师事务所治理委员会主席陈箭深博士、合伙人姚斌星先生对本书撰写的指导、建议、审定和推荐。

再次，感谢北京来也网络科技有限公司 CPO 褚瑞博士、合伙人兼高级副总裁范里鸿先生、合伙人黄慧女士对本书写作的指导，感谢电子工业出版社高等财经事业部主任石会敏老师及其团队为本书的撰写提供的方向和思路指导、编辑、校验等工作，以及其他背后默默支持的出版工作者。

感谢我的团队成员，重庆理工大学会计学院 2019 级硕士研究生聂琦、胡赛楠、徐涵璐、袁瑞繁、毛俊力、罗梦晴，以及 2021 级硕士研究生李宛霖、邓湘煜、王俊苏、陈凤、邓天雨等，他们参与了本书的内容编写、案例讨论和机器人的研发、测试工作。2021 级硕士研究生刘泓和朱思懿参与了机器人的测试工作，胡赛楠和李宛霖在组织管理和任务分解协同方面做出了重要贡献。

最后，感谢我的父母、家人和朋友对我的支持，写书花费了大量的时间，作为父亲，我很少有时间对即将"小升初"的桐少进行学业辅导，也很少有时间送他去上学，心里有些愧疚。

谨以此书献给致力于中国审计数字化教育转型、中国"互联网+审计"教育综合改革，致力于会计师事务所审计转型与变革，致力于未来成为卓越审计师的朋友们，愿大家身体健康、生活美满、事业有成！

程 平

2022 年 5 月

目　录

第一部分

实训基础篇

第 1 章 RPA 审计机器人概述

1.1 什么是 RPA 审计机器人

1.1.1 RPA 机器人流程自动化简介

在数字经济时代下，数字化转型是企业面临的最重要的战略性抉择之一。财会审作为企业数字化应用的核心内容，其智能自动化是数字化转型的重中之重。近些年来，随着企业数字化基础设施的不断完善，数据量的不断增加，将数字化技术融入财会审实务工作当中，借助智能自动化技术赋能财会审工作，能够释放人力资源，降低人力成本，提高工作质量，提升工作效率，加强企业风险管控能力。机器人流程自动化（Robotic Process Automation, RPA）是智能自动化技术发展的结晶，在新冠肺炎疫情形势下，企业必须面临的数字化转型及近年来人工智能技术的进步更是加速推动了 RPA 的发展。让机器代替人工去完成重复的、标准化的作业流程，已经成为企业数字化转型的必由之路。

RPA 是一类通过用户界面使用和理解企业已有的应用，根据预先设定的业务处理规则和操作行为，模拟、增强与拓展用户与计算机系统的交互过程，自动完成一系列特定的工作流程和预期任务，有效实现人、业务和信息系统一体化集成的智能化软件。RPA 的外形不是像人类一样的物理机器人，而是存在于计算机中的虚拟机器人。

无论信息技术发展到何种程度，企业的数字化转型如何实现，其成本和效率始终是企业在数字经济时代追求的永恒命题。在大数据、人工智能等技术的赋能下，审计领域的自动化、智能化、数字化转型将为会计师事务所的经营管理提供新的动力、新的思维、新的方法、新的模式。在内部审计、社会审计和政府审计实务工作中应用 RPA 技术，能够在很大程度上降低审计成本，提高审计效率，优化审计业务流程，同时解放审计人员，使其能够投入到附加值更高的工作中，进而提高审计质量。

1.1.2 RPA 审计机器人的概念

在实务工作中，审计作业往往耗费大量的时间和精力，如何利用自动化技术提高审计资源利用效率一直是审计人员关注的焦点。鼎信诺、IDEA、ACL、Excel 等计算机辅助审计软件的应用，在一定程度上提高了审计自动化水平，但跨越多个信息系统和应用程序的集成工作仍需审计人员人工操作，并没有从根本上解决审计数据获取、数据分析、数据报告自动化的问题。审计所需数据的提取、归集是开展审计工作的前提，没有提取到数据，或提取的数据不完全，数据筛查和分析的结果就会出现偏差，这将在很大程度上影响审计质量，极易造成审计风险。目前，大部分审计实务工作仍然以审计人员的人工作业为主，如审计数据采集、文档资料整理、复制和粘贴数据等，这些工作不仅重复性高而且内容枯燥，容易导致审计人员缺乏工作积极性、降低工作效率。

为了建立统一的认识和理解，基于 RPA 技术特征，结合审计实务，本书将 RPA 审计机器人定义为：RPA 审计机器人是一类遵循既定的程序和步骤，将审计领域发生的各项业务梳理加工，经 RPA 技术转换到审计业务流程自动化系统中，辅助审计人员高效地完成重复、机械、易于标准化的结构化审计任务，能够实现审计人员、审计业务和信息系统一体化有效集成的自动化软件。RPA 审计机器人的运用可以帮助审计人员完成审计工作流程中大量重复性、简单的操作，在降低审计成本的同时可以提高审计工作的效率、质量和合规性，让审计人员专注于更具有"价值创造"的工作任务。

1.2　RPA 审计机器人的主要特点

RPA 审计机器人是 RPA 技术在审计工作领域中的应用，它主要有以下特点。

1. 不是代替审计人员，而是人机协作共生

虽然 RPA 技术可以实现流程的自动化，但是并非所有审计工作机器人都能胜任。RPA 审计机器人的出现，更多是起到了审计工作方式转换器的作用，为的是让审计人员能够从事更有价值的工作。放眼未来，审计人员和 RPA 审计机器人的关系应当是人机协作共生。

RPA 审计机器人除了在全自动场景，还能在很多人机协作场景中发挥作用。人机协作模式，主要以通知的形式将一些工作反馈给审计人员，由人工进行相应的处理，再将控制权交还给审计机器人的方式来进行。此外，在工作过程中还存在一些复杂的业务和重要的信息需要审计人员的二次确认，如审计初步业务活动时需要审计人员进行职业判断，这就需要人机协作来完成。

2. 不是代替现有系统，而是非侵入式的业务协同

RPA 审计机器人作为审计人员和审计系统之间的"粘合剂"和"连接器"，是非入侵式的部署，配置在当前审计系统和应用程序之外，能够有效降低传统 IT 部署中出现的风险和复杂性。

机器人可以通过与现有的鼎信诺、中普、中审、E 审通、IDEA、ACL、Excel 等审计软件与应用程序协同工作，自动完成审计证据持续采集、审计工作底稿填写、审计项目管理、文档初步审阅和报告生成等审计业务。

3. 部署无区域限制，可以全天候工作

RPA 审计机器人是一类可以在计算机端部署的软件，无论何时何地都可以使用，不受区域影响，并且位置的改变不会影响成本效益分析。

RPA 审计机器人一旦上线运行，可以保持规则如一，做到 7×24 小时无人值守的全天候不间断稳定工作。

4. 错误率低，合规性强

使用 RPA 审计机器人将每个审计业务流程进行系统录入，并执行流程中的操作，可以避免人工长时间操作系统出现疲劳导致的错误，从而有效降低错误率。

RPA 审计机器人可以记录审计业务流程的每个步骤，这样不但可以防止人为错误，还可以提供完整和透明的信息合规管理数据，更好地满足合规性控制要求。同时，风险及合规部门也可以使用 RPA 审计机器人来帮助他们检查，从而降低每天的工作量，提高监管效率。

5. 安全性和可靠性高

审计业务往往涉及一些敏感业务数据的操作，如果这些数据是手工处理的，可能会存在篡改和泄露的人为操作风险。如果使用 RPA 审计机器人来处理，整个数据操作过程可以在后台进行，最大限度地避免人为接触，减少欺诈和违规行为发生的可能性，提高安全性。

RPA 审计机器人可以通过不断记录工作日志和工作录像数据使其易于跟踪。在系统关闭或出现其他故障的情况下，RPA 审计机器人可以通过备份日志恢复数据，使可靠性得到保证。

6. 低代码开发，可拓展性强

RPA 审计机器人开发使用的是说明性步骤，低代码开发，很多简单的审计自动化流程是可以通过记录、应用就配置完成的，不需要复杂的编程技巧，即使是编程经验不足的审计人员也能操控它并将复杂的流程自动化，便于审计人员学习和掌握。

RPA 审计机器人开发平台具有强大的可伸缩性，不管是 RPA 的基础技术还是人工智能技术，扩展功能都很方便。一个运行良好的卓越能力中心可以在机制上保障机器人的可扩展性管理。

1.3　RPA 审计机器人的主要功能

RPA 审计机器人能够缓解审计人员面对重复、烦琐的审计任务时的压力，完成审计证据的采集、处理、分析和报告等工作，其主要功能如下。

1. 数据采集

外部证据是被审计单位以外的组织或人士编制的书面证据，它一般具有较强的说明性，是审计证据的重要组成部分。风险导向理论也认为：审计证据的重点将向外部证据转移，审计人员必须获得大量的外部证据来评价审计风险和支撑审计结论。但审计人员难以在庞大的外部数据中找出对审计工作有用的信息。这时 RPA 审计机器人的作用就体现出来了。通过预先设定的规则，RPA 审计机器人可自动访问内外网，灵活获取页面元素，根据关键字段获取数据，提取并存储相关信息。例如，函证机器人可以自动登录快递信息查询网站，搜索并获取询证函发出与接收的物流全过程的详细数据。另外，RPA 审计机器人还可以通过外网查询被审计单位的股东、高管、投资企业、疑似关联方等的关联关系。

2. 数据迁移

在审计工作过程中需要采集多方面的数据，而这些数据很有可能存储在不同的信息系统当中。在获取审计证据时，往往需要进行数据迁移，即从被审计单位的多个信息系统获取财务数据和业务数据。而 RPA 审计机器人具有灵活的扩展性和无侵入性，可集成在多个系统平台上，跨系统自动处理结构化数据，进行数据迁移，检测数据的完整性和准确性，且不会破坏系统原有的结构。例如，RPA 审计机器人能够自动登录被审计单位的 ERP、OA 及业务系统，查询并导出相关数据，然后将其迁移到审计业务系统中，按需提供给审计人员使用。

3. 数据录入

审计业务开展和审计项目管理都涉及大量的数据录入工作，RPA 审计机器人能够模拟人在计算机上的键盘和鼠标操作，完成数据录入。例如，RPA 审计机器人可以每日登录会计师事务所的审计业务系统，筛选符合报备到注册会计师协会的报备数据，然后登录到省注册会计师协会系统，将报备数据录入。在注册会计师审计工作中，对于需要录入工作底稿的纸质文件数据，RPA 审计机器人可以先借助 OCR（光学字符识别技术）进行识别，然后以结构化数据形式存储到 Excel 文件中，完成工作底稿的数据录入。

4. 数据核对

在审计过程中，审计人员必须不断地进行数据核对，以保证审计数据采集的真实性和完整性，以及审计数据预处理的正确性。数据核对不仅是确定数据真实、正确的重要手段，也是提高数据采集和数据预处理质量、降低数据采集和数据预处理风险的重要工具。RPA 审计机器人可以自动校验数据信息，对数据错误进行分析和识别。例如，根据业务规则，RPA 审计机器人可以检查会计分录中的借贷是否平衡，或者检查凭证号是否断号、重号。

5. 数据上传与下载

审计业务和项目管理涉及文件的上传与下载。RPA 审计机器人可以模拟人工，自动登录信息系统，将指定数据及文件上传至特定系统；也可以从系统下载指定数据及文件，并按预设路径进行存储。例如，在注册会计师审计工作中，为了了解被审计单位及其环境应当实施风险评估程序，其中 RPA 审计机器人就可以登录政府网站下载相关的国家政策及法律法规文件，形成所需文件并分类存储供审计使用。

6. OCR

OCR 可以实时高效地定位与识别图片中的所有文字信息，返回文字框位置与文字内容。它支持多场景、任意版面下整图文字的识别，以及中英文、字母、数字的识别。简单来说，就是将图片上的文字内容，智能识别成为可编辑的文本，其本质就是利用光学设备去捕获图像并识别文字，将人的视觉和阅读的能力延伸到机器上。

RPA 审计机器人可依托 OCR 对扫描所得的图像进行识别处理，进一步优化和校正分类结果，将提取的图片关键字段信息输出为能结构化处理的数据，极大地提高审计工作效率和提升数据的准确性。例如，可以对扫描的合同图像文件进行识别，提取出合同上的金额、付款进度、权利与义务等关键信息，并与电子合同数据进行比对，以防范合同不一致风险。另外，可以对电子发票上诸如发票号、服务名称、日期等关键信息实现自动识别，并与凭证数据进行匹配，判断是否一致。

7. 指标计算与统计分析

审计中的重新计算程序涉及大量的计算工作,需要审计人员以手工或电子的方式,对记录或文件中的数据计算的准确性进行核对。同时,分析程序也涉及指标计算,以发现不同财务数据之间以及财务数据和非财务数据之间的内在关系。对于原始的或处理后得到的结构化数据,RPA 审计机器人可按照预先设定的规则,自动筛选数据,并进行指标计算和统计分析。例如,RPA 审计机器人可计算销售毛利率、应收账款周转率、存货周转率等关键财务指标,并与可比期间数据、预算数据或同行业其他企业的数据进行比较。

8. 编制底稿与报表、报告

在审计业务和项目管理过程中,编制底稿与报表、报告往往依赖人工完成,工作量较大,且容易伴生编制时间较长、信息反映不及时、数据不充分及人为掩盖等问题,导致出现真实性、完整性、及时性方面的隐患,通过 RPA 审计机器人可以有效地解决这方面的问题。例如,根据审计报告与报表附注模板,RPA 审计机器人可按照工作底稿与模板之间的数据映射关系,自动实现报表和报表的数据填入,工作效率和工作质量都可以得到保障。

1.4 RPA 审计机器人应用场景

目前 RPA 技术在审计方面的应用正在逐步加深,越来越多成功的 RPA 审计机器人的应用案例为后期的研究提供了宝贵经验,为 RPA 审计机器人的深入应用打下了良好的基础,使得审计工作形式发生了较大的改变。RPA 技术的发展与应用为实现审计工作自动化带来机遇,更对审计工作效率和审计工作质量的提高产生了较大影响。

RPA 审计机器人在企业的内部审计和会计师事务所的注册会计师审计中具有丰富的应用场景,具体如图 1-1 所示。

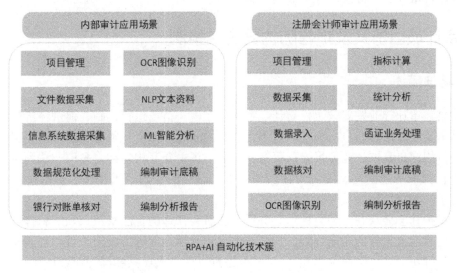

图 1-1　RPA 审计机器人主要应用场景

由图 1-1 可知,不论是对内部审计工作还是注册会计师审计工作,RPA 技术都可以在其中的项目管理、数据采集、数据处理、数据分析,以及审计底稿和分析报告编制等方面起到助力作用,在一定程度上可以有效提升审计效能。

下面以德勤的 RPA 审计机器人"小勤人"在银行内部审计工作中的应用为例进行具体说明。

2019 年年初，德勤连续发布了有关智慧审计应用与创新的文章，其中第二期主要介绍了"智慧审计的七种武器之机器人流程自动化（RPA）"，重点介绍了 RPA 技术在内部审计部门的应用。以银行为例，伴随着信息技术的高速发展、经济环境的快速变化、数据应用的持续拓展及银行金融机构的不断创新，访谈、现场观察、文件检查、重新执行等传统审计方法已经无法满足监管部门要求银行内部审计部门及时、全面地获取经营管理相关信息的要求。在银行的内部审计中，资料获取困难、间断性检查、随机抽样的不确定性及大量的重复性工作、高昂的沟通成本，都给银行的内部审计工作带来了诸多限制，阻碍了内部审计部门进行督察和查错纠弊。

德勤的"小勤人"结合人工智能技术，在整个内部审计过程中，协助内部审计人员完成自助式内部审计数据采集、自动化测试、自动化文档审阅、自动化底稿编制、内部审计项目管理等工作，能够解决银行业内部审计周期长、沟通成本高、重复工作量大的业务痛点。例如，"小勤人"可以根据既定的规则对保存在系统中的各业务流程性文件，如业务台账、信贷合同、授信审批文件等多样化的审计调阅资料进行自动化抓取，而且不受系统基础架构、地域和时间的限制；可以通过邮件自动向审计经理汇报审计资料的获取情况，并在汇报材料中对资料获取过程中遇到的问题进行报错，使审计经理及时了解由于系统变更而无法获取资料的问题，从而对"小勤人"的取数逻辑进行及时更新。

在某银行的概念验证案例中，通过使用 RPA 审计机器人，大大降低了沟通成本，单个审计证据的获取时间从原来的平均 40 分钟降低到了 30 秒以下；文档性的工作也大幅度减少，单个流程的底稿编制从原来的 1.5 个小时降低到了 30 分钟以下；RPA 审计机器人甚至可以根据预设的内部审计规则，在每天的非业务时段从系统中持续获取审计证据，并开展持续性检查，使银行的"持续审计"成为现实。

1.5　审计项目备案及报告防伪码生成案例

1.5.1　场景描述

近年来，审计行业发展较快，会计师事务所在健全市场运行机制、促进经济健康发展等方面起到了重要作用，但也出现了一些不容忽视的问题，如会计师事务所未经登记乱设分支机构；未按规定出具审计业务报告；更有甚者，与黑中介互相勾结，牟取非法利益。部分黑中介以会计师事务所的名义编制审计业务报告，这样的行为严重侵害了合法审计机构的权益，扰乱了社会市场经济秩序。

为了维护社会公众利益和会计师事务所及注册会计师的合法权益，预防和打击假冒会计师事务所出具业务报告的违法行为，加强业务报告管理，促进市场的规范和健康发展，重庆市注册会计师协会（以下简称"重庆注协"）根据《中华人民共和国注册会计师法》《重庆市注册会计师协会章程》的有关规定制定了《重庆市注册会计师行业业务报告防伪标识管理暂行办法》，利用互联网开展审计业务报告网上备案制度，有利于保护审计机构及注册会计师的权益。

该办法要求会计师事务所在向委托人提交业务报告前，要登录业务管理系统填报业务报告基本信息，如图 1-2 所示。在信息填报完成后，业务管理系统会自动生成防伪标识信息页。会计师事务所应当打印防伪标识信息页，并列装在业务报告的扉页位置。经报备后的业务报告所填基本信息若需修改，则应出具合理理由，并在规定时间内自行修改一次。此后的修改，应在业务管理系统中上传证明文件，由协会审核确认后才能予以修改。业务报告使用者可通过重庆注协网站"业务报告防伪查询系统"查询业务报告报备的相关信息。

图 1-2　重庆注协业务管理系统登录窗口

DX 会计师事务所（以下简称"DX 会计所"）是我国最早设立的合伙制会计师事务所之一，提供审计、税务、咨询、造价等多种专业服务。DX 会计所重庆分所位列 2018 年重庆会计师事务所综合评价排名前 5 位，拥有 160 多名员工，已实现审计项目管理信息化。2020年审计收入近 6000 万元。

QH 会计师事务所（以下简称"QH 会计所"）于 2019 年成立，拥有一支年轻、高效且执业经验丰富的会计师专业团队，目前还没有实现审计项目管理信息化，主要使用 Office软件进行日常办公和业务处理。2020 年总收入近 200 万元。

根据工作安排，DX 会计所行政部的小肖和 QH 会计所的小汤，分别负责在重庆注协的业务管理系统进行年报审计、专项审计和验资等项目信息的录入，以及报告防伪标识信息页的打印工作。2020 年，尽管受新冠肺炎疫情影响，但 DX 会计所的业绩还是获得了较大的增长，圆满完成了 747 个年报审计、1336 个专项审计、30 个验资审验任务，共 2113 个项目，因此，小肖几乎每天都要打开重庆注协的业务管理系统录入信息并打印防伪标识信息页。而 QH 会计所作为一家刚成立的小所，业务还处于发展阶段，主要集中于专项审计，项目数量相对较少，所以小汤只需要每周集中处理一次。

1.5.2　业务描述与痛点分析

每当工作时，DX 会计所的小肖需要同时打开和登录事务所内部使用的审计项目管理系统及重庆注协的业务管理系统，然后将质管部审核通过的如图 1-3 所示的项目报告等相关信息一一"复制/粘贴"到如图 1-4 所示的业务管理系统窗口，这样来回在两个系统窗口之间切换，不断重复"复制/粘贴"操作，接着系统会检查必填项和人工检查数据是否一致，确保信息完全填写并无误后保存，最后生成并打印如图 1-5 所示的业务报告防伪标识信息页面，并将生成的防伪标识信息文件保存到本地计算机文件夹中，再将生成的防伪标识编码回填到事务所审计项目管理系统，方便以后查询，其详细业务流程如图 1-6 所示。

图 1-3　DX 会计所审计项目管理系统审计报告信息界面

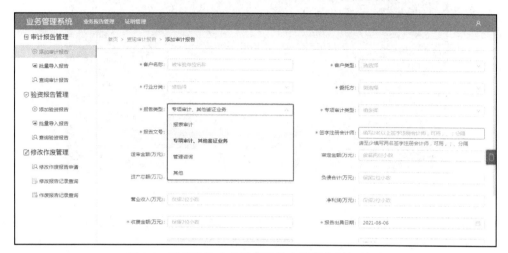

图 1-4　重庆注协业务管理系统审计报告添加界面

图 1-5　重庆注协业务管理系统业务报告防伪标识信息页面

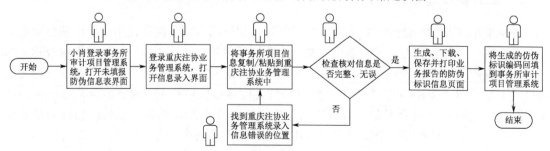

图 1-6　DX 会计所项目信息备案与防伪标识信息页面打印业务流程

QH 会计所的小汤，根据年报、专项和验资三种项目类型分别建立了 3 个 Excel 表单（信息登记表如图 1-7 所示），其内容和顺序与重庆注协业务管理系统的信息登记保持一致。在工作时，首先需要把报告中的 Word 和 Excel 等格式文件中的关键信息复制/粘贴到 Excel 表单上，同时打开重庆注协的业务管理系统，然后在 Excel 文件和重庆注协的系统信息录入两个窗口之间来回切换，不断进行"复制/粘贴"操作，接着系统检查必填项和人工检查数据是否一致，确保信息填报完整、无误，最后生成并打印业务报告防伪标识信息页面，将其下载到本地计算机的指定文件夹内保存以供查询，其业务流程如图 1-8 所示。

2021年度报表审计报告登记表																			
序号	客户名称	统一社会信用代码	客户类型	行业分类	委托方	报告类型	意见类型	报告文号	复核	签字师	资产总额（万元）	负债合计（万元）	营业收入（万元）	净利润（万元）	收费金额	报告出具日期	发票号码	项目负责人	收费金额	收费日期	项目来源

图 1-7　QH 会计所年报审计登记信息登记表

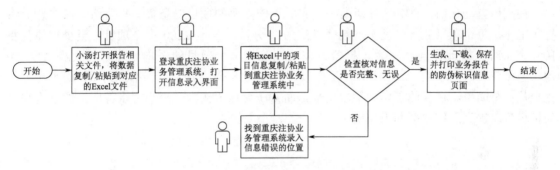

图 1-8　QH 会计所项目信息备案与防伪标识信息页面打印业务流程

从上述 DX 会计所和 QH 会计所项目信息备案和防伪标识信息页面打印的业务描述来看，由于异构系统的存在，两家会计所都面临着在事务所审计项目管理系统和重庆注协业务管理系统，以及 Excel 软件与重庆注协业务管理系统之间频繁切换的问题；面临着需要人工进行数据迁移与数据核对，效率较低，容易出错的问题。并且由于 DX 会计所涉及的项目数量较多，需要耗费大量的时间去处理该业务，尤其是在年报期间，往往时间紧，小肖经常面临着加班的苦恼。此外，由于人工处理，数据输入和核对难免出错，而根据重庆注协规定，会计师事务所录入报备的报告信息需要修改的，可以在 30 日内由会计所自行修改 1 次，超过这个时间进行修改就需要在业务管理系统中上传证明文件，并由协会审核确认后才能修改。这种因为人工处理出错带来的额外时间耗费往往更多，流程更烦琐。

1.5.3　机器人流程自动化设计

对会计所在重庆注协进行项目信息备案和防伪标识信息页面打印的业务进行分析可以发现，这些业务规则明确、标准化程度高、重复性强，但存在异构系统未实现连接、人工处理容易出错、人工处理耗费时间较多等问题。基于以上业务流程和痛点分析，结合 RPA 技术的特征，分别设计了如图 1-9 和图 1-10 所示的 DX 会计所和 QH 会计所的项目信息备案与防伪标识信息页面打印自动化流程。

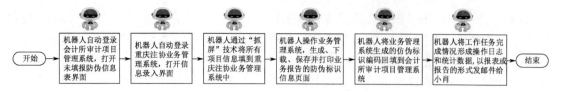

图 1-9　DX 会计所项目信息备案与防伪标识信息页面打印自动化流程

图 1-10　QH 会计所项目信息备案与防伪标识信息页面打印自动化流程

1.5.4　机器人流程自动化后的收益

在流程自动化前，DX 会计所的小肖完成重庆注协的项目信息备案与防伪标识信息页面打印工作，每个项目业务处理平均耗费时间为 3 分钟，全年 2100 多个项目，至少需要花费 106 个小时。在流程自动化后，机器人完成该工作单个项目的平均处理时间大概需要 20 秒，全年花费时间不到 12 个小时，工作效率提高约 8 倍，并且错误率降为 0，而小肖可以完全从这个简单、重复的工作中解放出来。而 QH 会计所作为一个小型事务所，通过流程自动化也可以提高工作效率和工作质量。

第 2 章　来也 UiBot RPA 软件语法基础

来也 UiBot 是北京来也网络科技有限公司自主研发的 RPA+AI 平台，也是中国 RPA+AI 领域的领导品牌，持续塑造了深受中国企业和中国办公者喜爱的 RPA 产品，推动着 RPA 技术在中国的普及和推广。

本章首先介绍来也 UiBot 产品的组成及如何下载与安装 UiBot Creator 软件；然后介绍 UiBot Creator 的界面及一些基础的语法知识，通过学习和了解基础的语法知识，为后面的学习打下基础。

2.1　UiBot 的组成

来也 UiBot 提供低代码或无代码的自动化流程开发，无论是财务人员还是审计人员，都可以在来也 UiBot 平台上创造出不同复杂程度的 RPA 机器人，以满足工作中的自动化需求。

UiBot 产品主要包含 UiBot Creator、UiBot Worker、UiBot Commander、UiBot Mage 四个部分，分别为机器人的生产、执行、分配、智能化提供相应的工具和平台。

1. UiBot Creator

创造者，即机器人开发工具，用于搭建流程自动化机器人。它采用中文可视化界面，同时支持拖拽式低代码或无代码的流程开发及专业开发模式，支持一键录制流程并自动生成机器人，支持 C、Java、Python、.Net 扩展插件及第三方 SDK 接入，兼顾入门期的简单易用和进阶后的快速开发需求。

2. UiBot Worker

劳动者，即机器人运行工具，用于运行搭建好的机器人。它具备人机交互和无人值守两种模式；在人机交互模式下，通过人机协同的方式，完成桌面任务；在无人值守模式下，能够根据 UiBot Commander 的指挥，自动登录工作站，并全自动地完成任务。两种模式均支持定时启动、错误重试、任务编排等功能。

3. UiBot Commander

指挥官，即控制中心，用于部署与管理多个机器人。它能够指挥多个 UiBot Worker 协同工作，既可以让多个 UiBot Worker 完成相同的工作，也可以把不同的工作自动分配给不同的 UiBot Worker。它支持多租户和灵活的权限控制，拥有安全审计系统，支持机器人工作日志追踪与实时监控。

4. UiBot Mage

魔法师，即智能文档处理平台，也称 AI 能力平台，它为机器人提供执行流程自动化所需的各种 AI 能力。它内置 OCR、NLP（自然语言处理）等多种适合 RPA 机器人的 AI 能力；提供预训练的模型，无须 AI 经验，开箱即用；能与 UiBot Creator 无缝衔接，通过拖拽即可让机器人具备 AI 能力。

2.2 下载与安装 UiBot Creator

2.2.1 下载 UiBot Creator

步骤一：访问来也官方网站 https://laiye.com，并单击首页右上角的"立即登录"，如图 2-1 所示。

图 2-1　来也官网首页

步骤二：进入登录界面，单击"登录"下方的"立即注册"，如图 2-2 所示。

图 2-2　登录界面

步骤三：进入注册界面，如图 2-3 所示，输入手机号并单击"获取验证码"，然后进入安全验证界面，在输入框中输入右侧的安全验证码并单击右下角的"确定"，如图 2-4 所示。获取手机验证码后将其填入对应的输入框，然后输入登录密码，勾选同意框，单击"注册"完成注册。

步骤四：注册成功后来到创建项目界面，选择"个人项目"，按要求输入项目名称和在项目中的姓名，然后单击"确认"，如图 2-5 所示。

图 2-3　注册界面

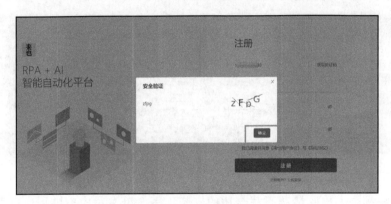

图 2-4　安全验证界面

图 2-5　创建项目界面

步骤五：回到来也官网首页，选择首页上方菜单栏中的"产品"，并选择"流程创建"中的"流程创造者(UiBot Creator)"，如图2-6所示。

图2-6 选择"流程创造者(UiBot Creator)"

步骤六：单击"免费使用社区版"，如图2-7所示。

图2-7 单击"免费使用社区版"

步骤七：根据个人电脑情况下载合适的安装程序，单击对应安装程序后面的"点击下载"，如图2-8所示。

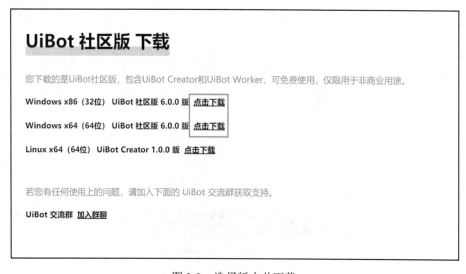

图2-8 选择版本并下载

2.2.2 安装 UiBot Creator

步骤八：打开安装程序存储的位置，双击下载的安装程序进行安装，如图 2-9 所示。

图 2-9 安装程序

步骤九：单击"立即安装"，如图 2-10 所示，也可选择"自定义安装"，手动选择 UiBot Creator 安装的位置。

图 2-10 立即安装

步骤十：安装完成后，运行 UiBot Creator，进入登录界面，单击"进入浏览器登录"，并用之前注册的账号和密码进行登录，如图 2-11 所示。

图 2-11　登录界面

2.3　UiBot Creator 界面介绍

2.3.1　主界面

启动 UiBot Creator 软件，登录后进入主界面，如图 2-12 所示。在该界面可以新建一个流程或打开已有流程，新建的流程文件将被默认保存在 C 盘中，如图 2-13 所示。

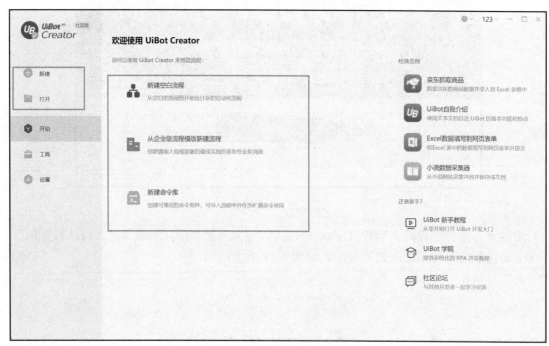

图 2-12　UiBot Creator 主界面

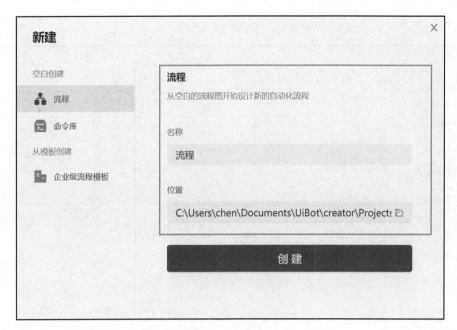

图 2-13　新建流程

单击 UiBot Creator 主界面左侧菜单栏中的"工具"，可以在该界面安装相关工具，如图 2-14 所示。

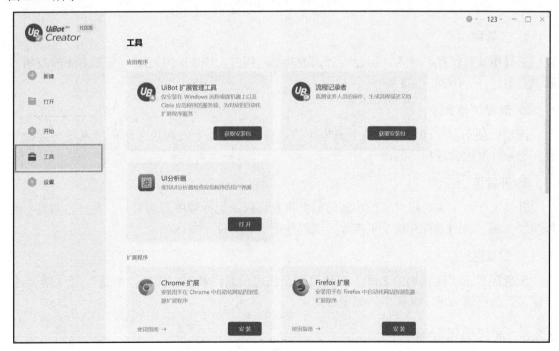

图 2-14　工具界面

2.3.2　流程图界面

新建或打开一个流程后可以看出，每个流程都用一张流程图来表示。流程图界面中有工具栏、流程和命令区、开发区和配置区，如图 2-15 所示。

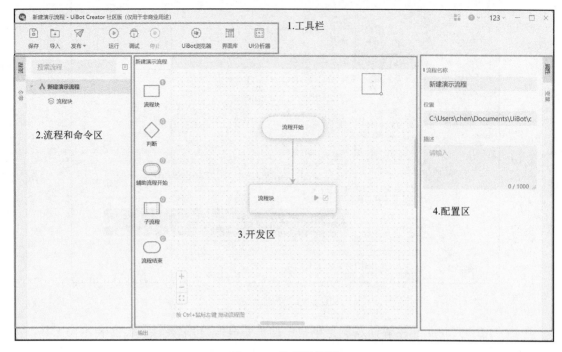

图 2-15　流程图界面

1. 工具栏

工具栏具有保存、导入、运行、调试等功能，同时，UiBot 内置了一个 UiBot 开发的专属浏览器。

2. 流程和命令区

流程区展示了该流程内的各个流程块的名称，进入某个流程块之后，流程区转为命令区，命令区展示的是具体的命令。

3. 开发区

开发区展示了该流程内流程块之间的关系及流程的运行顺序等信息。开发区左侧具有流程块、判断、辅助流程开始、子流程、流程结束五个组件。

4. 配置区

配置区显示了流程块的名称、存储位置及描述信息。单击右侧的"变量"，会切换到变量区域，该区域显示了流程中的变量信息。

2.3.3　流程编辑界面

单击流程图中流程块右上角的编辑图标可进入流程块编辑界面，如图 2-16 所示。

流程块编辑界面分为可视化视图和源代码视图。

可视化视图中有工具栏、命令树、可视化编辑区、命令属性和变量面板四个主要区域，如图 2-17 所示。

图 2-16　流程块编辑界面入口

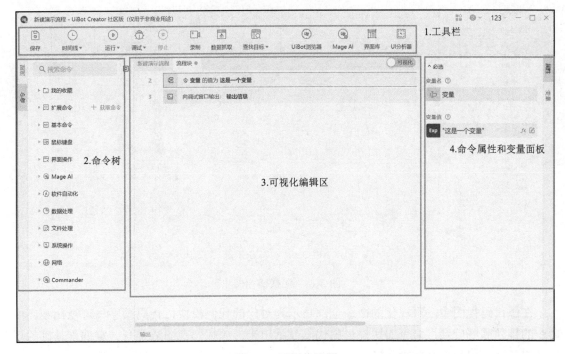

图 2-17　可视化视图

1. 工具栏

工具栏中较之前多了时间线、数据抓取、Mage AI等功能。

2. 命令树

命令树中列出了 UiBot 的全部命令，包括基本命令、鼠标键盘、Mage AI、软件自动化、数据处理、文件处理等多个命令类别，其中每个命令类别展开后可查看类别下的具体命令。命令树上方还提供命令搜索功能。

3. 可视化编辑区

可视化编辑区是命令组合形成流程块的工作区域，用户可以将命令树中的命令拖动或用鼠标双击添加到可视化编辑区。在可视化编辑区中可以拖动命令来调整命令的先后顺序或包含关系，也可用鼠标右击命令，对命令进行复制、删除、运行等基本操作。

4. 命令属性和变量面板

单击可视化编辑区中的某条命令，可看到该命令的属性面板，在命令的属性面板中会显示出该命令的一些必选属性及可选属性。单击命令属性和变量的切换按钮，可查看当前流程块中的变量信息，并可对变量进行增、删、改、查等基本操作。

源代码视图较可视化视图而言，编辑区展现的是源代码，右侧的属性区域由某个命令的属性变为了当前流程块的基本信息，如图 2-18 所示。

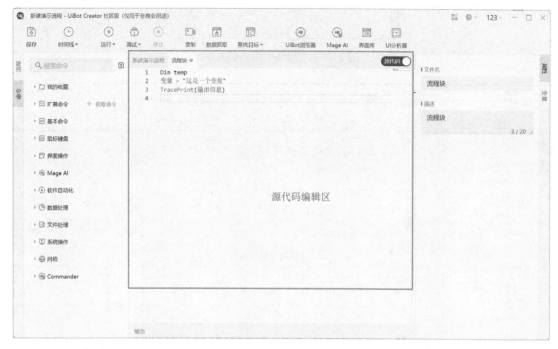

图 2-18　源代码视图

在源代码视图中，可视化的命令全部显示为对应的代码模块，代码顺序与可视化视图中命令的排列顺序一致，命令的属性也由代码显示出来。源代码视图适合有一定编程基础的用户使用，能让用户提高编程速度。

可视化视图和源代码视图描述的是同一个流程块，它们是流程块的不同展示方式。在两种视图方式下，流程块中的命令是一模一样的，并且命令的顺序位置、包含关系完全对应，用户可以选择自己喜欢的视图方式来开发机器人。

2.4　UiBot Creator 的基本语法

2.4.1　常量与变量

1. 命名规则

标识符是用于对常量、变量、函数和数组等命名的有效字符序列。标识符命名需要遵循一定规则：

（1）非关键字、非数字开头，不区分大小写，直观有意义；

（2）支持中英文、数字、下画线组合；

（3）非 UiBot 保留字，易于分辨，关键字常以蓝色显示。

2. 常量

常量是指运算过程中值不能改变的量。常量可以为数值型、字符型、逻辑型、数组、字典等数据类型。常量定义后必须要对其赋值，其有效范围就是在该流程块内。

常量的定义方式：

const 常量名 = 常量值

3. 变量

变量是指运算过程中值可以被改变的量。变量的类型可以为数值型、字符型、逻辑型、数组、字典、null 等数据类型。变量的有效范围就在该流程块内。

变量的定义方式：

dim 变量名

dim 变量名 = 变量值

dim 变量名 = 变量值 ，变量名 1= 变量值

2.4.2 数据类型

数据类型是所有计算机语言都必须涉及的内容，它用于确定变量在内存中的存放方式和占用内存的大小。UiBot 常用的数据类型包括数值型、字符型、布尔型、数组和字典等。

1. 数值型

数值型包括整数型和小数型。整数型由正整数、零、负整数构成。小数型是带小数点的数字。

2. 字符型

字符型由任意字符组成，用单引号（'）、双引号（"）、三引号（"'）成对表示。常用连接运算符为"&"，用于将两个字符串连接起来。

3. 布尔型

布尔型又称逻辑型，用于逻辑判断，其结果为 True 或 False。逻辑运算符包括 and、or、not 三种类型。

4. 数组

将多个同类型或者不同类型的数据存放到一个变量里，这个变量被称为数组，或有序元素序列。数组里的每个数据被称为数组的元素，每个元素的排序序号称为元素下标，元素下标从 0 开始。定义数组以方括号括起来，相邻元素以","（英文输入法下的逗号）进行间隔。获取数组中任意元素的值的方法：数组名加方括号，括号内填入对应的元素下标即可。

定义方式: dim 数组名 = [元素 1,元素 2,元素 3...]

获取数组元素值: 数组名[0]= 元素 1 , 数组名[1]= 元素 2

例如，A=[1,2,3,4,5,6]。

如果要获取第三个元素 3，则输入数组 A[2]，这样就可以取到第三个数字。

5. 字典

将多个同类型或者不同类型的数据按不同的变量名存放到一个容器里，这个容器被称为字典。字典里的每个数据对应的变量名被称为"键名"，数据被称为"键值"，键名要求必须为字符型，且键名有唯一性要求，键值无限制。

定义字典以花括号括起来，键名与键值配对出现，中间用 ":" 间隔，两个键值对之间用 "," 间隔。获取字典中任意元素的值的方法：字典名加方括号，括号内输入对应的键名即可，且字典为无序集合。

定义方式：dim 字典名 = {键名：键值，键名 1：键值 1，键名 2：键值 2}。

获取元素值：字典名[键名]= 键值 ，字典名[键名 1]= 键值 1。

例如，per_data={ "name"： "wang"， "age"：18}。

如果要获取名字，则输入 per_data["name"]，就可以自动输出 "wang"。

2.4.3 算术运算符

运算符是用于进行某种运算的符号，参与运算的数据被称为操作数。UiBot 常用的算术运算符如表 2-1 所示。

表 2-1　UiBot 常用的算术运算符

运算符	中文名称	功能描述	例子
+	加号	两个数相加	Dim a=1,b=2 a+b=3
–	减号	两个数相减	Dim a=1,b=2 b-a=1
*	乘号	两个数相乘	Dim a=1,b=2 a*b=2
/	除号	两个数相除	Dim a=1,b=2 b/a=2
mod	取余数	取余数	Dim a=1,b=2 b mod a=0
^	求幂	返回幂值	Dim a=1,b=2 a^b=1
<>	不等于	不等于	Dim a=1,b=2 a<>b

2.4.4 逻辑控制语句

用计算机解决某个具体问题时，主要包括顺序执行所有的语句（顺序结构）、选择执行部分语句（选择结构）和循环执行部分语句（循环结构）三种情况，如图 2-19 所示，其语句功能如表 2-2 所示。

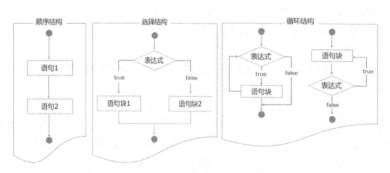

图 2-19　逻辑控制语句

表 2-2 逻辑控制语句功能

逻辑控制语句类别	功　　能
顺序结构	按编写顺序依次执行
选择结构	根据条件分支的结果选择执行不同的语句（条件分支命令）
循环结构	在一定条件分支下，反复执行某段程序的流程结构，其中反复执行的语句称为循环体，决定循环是否终止的判断条件称为循环条件

2.4.5　条件选择语句

1. If...End If

这是最简单的判断语句，如果满足条件，则执行模块内的语句。其中判断条件可以是单纯的布尔值或变量，也可以是比较表达式或逻辑表达式（如:a>b and a<3），如果判断条件为真，则执行条件内语句，如图 2-20 所示。

```
流程    流程块 ●

  1     If 条件成立
  2
  3     End If
```

图 2-20　If...End If 语句

举例：首先定义了 a=2，现在 2>1，满足条件 a>1，所以就会执行 If 模块里的 a=a+1 语句。当执行一次以后，a 就会变成 3，如图 2-21 所示。

```
流程    流程块 ●

  1     Dim a = 2
  2     If a > 1
  3         a = a + 1
  4     End If
```

图 2-21　If...End If 语句举例

2. If...Else...End If

这是最简单的条件分支，该语句的意思是如果满足条件，则执行 If 后面的语句块 1，否则，执行 Else 后面的语句块 2，如图 2-22 所示。

```
流程    流程块 ●

  1     If 条件成立
  2         语句块1
  3     Else
  4         语句块2
  5     End If
```

图 2-22　If...Else...End If 语句

举例：首先定义了 a=0，现在 a=0，不满足 a>1 的条件，所以就不会执行 a=a+1 的语句，而是执行 a=a+2 的语句，执行一次过后，a 的值将变为 2，如图 2-23 所示。

```
流程    流程块 ●
1    Dim a = 0
2    If a > 1
3        a = a + 1
4    Else
5        a = a + 2
6    End If
```

图 2-23　If...Else...End if 语句举例

3. If...ElseIf....ElseIf...Else...End If

这个语句在遇到多种条件判断时使用。执行语句后，如果判断条件为假，则跳过该语句，进行下一个 ElseIf 的判断，只有在所有的判断条件都为假的情况下才会执行 Else 中的语句，如图 2-24 所示。

```
流程    流程块 ●
1    If  判断条件1
2        语句块1
3    ElseIf  判断条件2
4        语句块2
5    ElseIf  判断条件3
6        语句块3
7    Else
8        语句块4
9    End If
```

图 2-24　If...ElseIf....ElseIf...Else...End If 语句

举例：定义了 a=0，现在 a=0，首先判断第一个条件，a 不等于 5，所以不满足第一个条件；然后判断第二个条件 a 是否等于 4，a 不等于 4，所以第二个条件也不满足；判断第三个条件 a 是否等于 3，a 不等于 3，所以第三个条件也不满足；执行最后一个条件 a=a+2，所以运行结果是 2，如图 2-25 所示。

```
流程    流程块 ●
1    Dim a = 0
2    If a = 5
3        a = a + 4
4    ElseIf a = 4
5        a = a + 3
6    ElseIf a = 3
7        a = a + 2
8    Else
9        a = a + 2
10   End If
```

图 2-25　If...ElseIf....ElseIf...Else...End If 语句举例

2.4.6　循环语句

1. For 循环——计次循环

For 循环是计次循环，一般应用在循环次数已知的情况下，通常用于遍历数组和字典，如图 2-26 所示。

```
流程    流程块 ●
1      For 循环变量 = 初始值 To 结束值 step 步长
2      │   循环体
3      Next
```

图 2-26　For 循环——计次循环

其中 step 为步长，表示循环变量每次的变化，可为负数，也可以省略默认为 1；循环体为一组被重复执行的语句。

举例：i 一般是计次循环的默认变量，用来计数用，这里的意思就是，i 变量从 0 变到 10，每次循环步长为 1，意思就是增加 1。这里的循环语句是 a=a+1。i 从 0 到 10，第 0 次也要算上，所以一共循环了 11 次，最后 a 的值就会变为 11，如图 2-27 所示。

```
流程    流程块 ●
1      Dim a = 0
2      For i = 0 To 10 step 1
3      │   a = a + 1
4      Next
```

图 2-27　For 循环——计次循环举例

2. For 循环——遍历循环

遍历循环，顾名思义，就是遍历数组或字典中的每个元素，将其中的每个元素都单独拿出来进行一次操作，如图 2-28 所示。

```
流程    流程块 ●
1      For Each value In A
2      │   value进行何种操作
3      Next
```

图 2-28　For 循环——遍历循环

举例：定义了一个空的数组 B 和一个数组 A，数组 A 里面有元素 1、2、3、4、5、6。现在我们对数组 A 进行遍历循环，意思就是将数组里面的每个元素都单独提取出来，放进变量 value 中。所以这段程序的意思就是将 1、2、3、4、5、6 分别抽取出来，然后进行加 1，再放进一个新的数组中。注意，遍历循环只是取值，并不会对原数组的值进行改变，即数组 A 内的内容没有发生任何改变，如图 2-29 所示。

```
流程    流程块 ●
1    Dim B = []
2    Dim A = [1,2,3,4,5,6]
3    For Each value In A
4        value = value + 1
5        arrRet = push(B, value)
6    Next
```

图 2-29　For 循环——遍历循环举例

结果如图 2-30 所示：数组 B 的值变成了[2,3,4,5,6,7]，之前是一个空的数组。它是将数组 A 的值逐个取出再放入数组 B 中。

```
[2022-4-3 18:12:36] [INFO] 流程块.task 第8行: [
    2,
    3,
    4,
    5,
    6,
    7
]
```

图 2-30　For 循环——遍历循环举例结果

3. Do 循环——无限循环

Do 循环是条件循环，通过条件来判断循环体是否停止。Do 循环有三种：无限循环、满足条件循环、不满足条件循环。无限循环如图 2-31 所示。

```
流程    流程块 ●
1    Do
2        循环体
3    Loop
```

图 2-31　Do 循环——无限循环

举例：Loop 后面不跟条件，这个循环语句就会一直执行下去，a 就会不断地自增 1，一直执行下去，这就叫无限循环，也叫死循环，如图 2-32 所示。

```
流程    流程块 ●
1    Dim a = 0
2    Do
3        a = a + 1
4    Loop
```

图 2-32　Do 循环——无限循环举例

4. Do 循环——满足条件循环

满足条件循环，顾名思义，就是当满足 Do While 后的条件时，循环就会自动停止。满足条件循环也分为先条件循环和后条件循环。先条件循环就是先判断，再执行循环；而后条件循环则是先执行，再判断条件，如图 2-33 所示。

```
流程    流程块 ●

1    Do While  前置条件
2        循环体1
3    Loop
4
5    Do
6        循环体2
7    Loop While  后置条件
```

图 2-33　Do 循环——满足条件循环

举例 1：满足先条件循环，先判断再运行。首先判断 a 是否等于 0，a=0 则执行循环体 a=a+1，此时 a=1；然后判断 a 是否等于 0，此时 a 已经等于 1，不满足循环条件，所以跳出循环，此时 a 的值为 1，如图 2-34 所示。

```
流程    流程块 ●

1    Dim a = 0
2    Do While a = 0
3        a = a + 1
4    Loop
```

图 2-34　Do 循环——满足先条件循环举例 1

举例 2：满足后条件循环，先运行再判断。首先执行 a=a+1，此时 a=1；然后判断 a 是否小于 3，如果小于 3，则继续循环，如果大于或等于 3，则跳出循环，此时 a=1，小于 3，所以继续循环，如图 2-35 所示。

```
流程    流程块 ●

1    Dim a = 0
2    Do
3        a = a + 1
4        TracePrint(a)
5    Loop While a < 3
```

图 2-35　Do 循环——满足后条件循环举例 2

5. Do 循环——不满足条件循环

不满足条件循环，顾名思义，就是当不满足 Do While 后的条件时，循环就会自动停止。它和满足条件循环相同，只是一个是满足条件进行循环，一个是不满足条件进行循环，如图 2-36 所示。

图 2-36　Do 循环——不满足条件循环

举例 1：不满足先条件循环，先判断再运行。首先判断 a 是否等于 8，此时 a=0，不满足条件，所以执行循环体，最后的结果 a=8，如图 2-37 所示。

```
流程    流程块 ●
  1    Dim a = 0
  2    Do Until a = 8
  3        a = a + 1
  4        TracePrint(a)
  5    Loop
```

图 2-37　Do 循环——不满足先条件循环举例 1

举例 2：不满足后条件循环，先运行再判断。首先执行 a=a+1，此时 a=1，不满足 a=3 的条件，所以会继续执行循环体，直到 a=3 才结束循环，如图 2-38 所示。

```
流程    流程块 ●
  1    Dim a = 0
  2    Do
  3        a = a + 1
  4        TracePrint(a)
  5    Loop Until a = 3
```

图 2-38　Do 循环——不满足后条件循环举例 2

6. Break 语句

当 For 循环或 Do 循环所产生的操作已经满足业务要求时，可以通过 Break 语句立刻终止并跳出循环语句，避免过度循环次数的发生，提高处理效率。

7. Continue 语句

Continue 语句是循环语句的另外一种控制循环方向的语句。当满足指定条件时，Continue 语句使循环回到开始处，继续循环，忽略 Continue 语句后的执行代码行。

2.5　投资收益核对模拟实训

2.5.1　场景描述

重庆蛮先进智能制造有限公司 2020 年 1 月 1 日购入了重庆 XX 智能集团当天发行的 3 年期债券，该债券分期付息、到期一次还本。表 2-3 为该笔债券首年年末的投资收益计算表，面值、票面利率已知，要求计算该笔债券首年年末的投资收益，并核对被审计单位的投资收益数据是否准确。

表 2-3　投资收益计算表

投资类型	债券面值	票面利率	首年投资收益
债券	300000	6%	18000

2.5.2　开发思路

首先，定义债券面值、票面利率、首年投资收益三个变量，并对其赋初值。然后，定义变量实际投资收益，根据公式计算得到，并用输出调试信息语句 TracePrint 将结果在控制台上输出。最后，通过 If 语句对账面的投资收益与实际的投资收益进行判断。如果投资收益相等，则输出"经核对，该笔债券的投资收益数据准确"；如果不相等，则输出"经核对，该笔债券的投资收益数据有误，需调整"。

本实训将涉及 4 个变量，1 个赋值语句和 1 个 If 条件判断语句。

2.5.3　开发步骤

步骤一：在"当前流程块"右边的变量窗口中依次添加 4 个变量：债券面值、票面利率、首年投资收益和实际投资收益，并对债券面值、票面利率、首年投资收益 3 个变量赋初值，如图 2-39 所示。

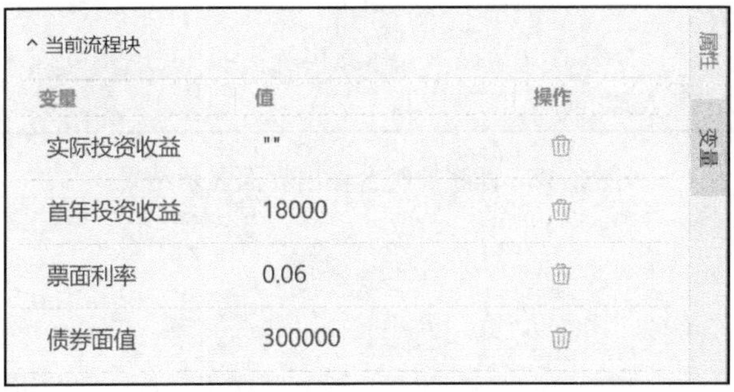

图 2-39　变量添加窗口

步骤二：在可视化界面中拖入【变量赋值】，令实际投资收益的值为"债券面值*票面利率"。

步骤三：在可视化界面中继续拖入【如果条件成立】，将【如果条件成立】属性窗口的判断表达式设置为"首年投资收益 = 实际投资收益"，并在下方拖入【输出调试信息】，输出内容为"经核对，该笔债券的投资收益数据准确"。

步骤四：在【如果条件成立】的下方拖入【否则执行后续操作】，并拖入【输出调试信息】，输出内容为"经核对，该笔债券的投资收益数据有误，需调整"。

完成以上四个步骤后，程序的可视化和源代码界面分别如图 2-40、图 2-41 所示，

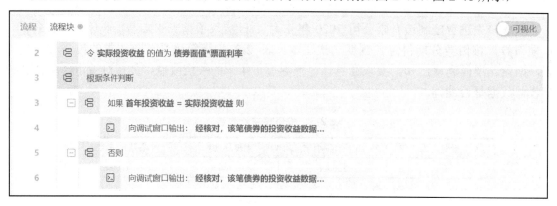

图 2-40　程序的可视化界面

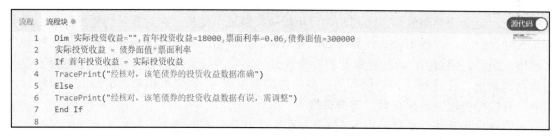

图 2-41　程序的源代码界面

单击 UiBot Creator 主界面上方快捷栏上的"运行"，运行结果为"经核对，该笔债券的投资收益数据准确"，如图 2-42 所示。

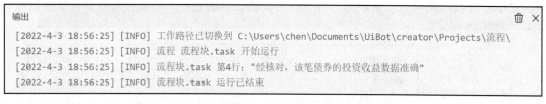

图 2-42　程序控制台输出界面显示结果

第 3 章　来也 UiBot RPA 软件自动化技术

本章主要介绍 UiBot Creator RPA 软件自动化技术。在 RPA 审计机器人开发与应用过程中，常用的自动化技术包括 Excel 自动化、E-mail 自动化、Word 自动化、PDF 自动化、Web 自动化、OCR 文字识别和 Mage AI。通过本章的学习，能够掌握自动化组件的经典适用场景和基础使用规则，为后续 RPA 审计机器人的开发奠定技术基础。

3.1　Excel 自动化

Excel 是 Office 办公软件的重要组成成员，它具有强大的计算、分析和图表功能，也是最常用、最流行的电子表格处理软件之一。对 Excel 实现自动化是 RPA 流程中不可或缺的部分。图 3-1 是 UiBot 中 Excel 自动化的部分活动，可以将其划分为工作簿类命令、数据处理类命令、格式类命令、工作表类命令四大类型。工作簿类命令针对指定工作簿，对其进行打开、绑定、关闭等操作；数据处理类命令主要针对 Excel 的内容进行读取、写入等增、删、改操作；格式类命令可以对 Excel 的格式进行改动，如修改字体颜色、行高和列宽等；工作表类命令则是基于 Excel 工作表层面，对指定工作表进行增删、获取等操作。下面对每类命令进行具体介绍。最后对 Excel 数据处理的具体应用进行展开介绍，包括数据复制、数据添加、数据排序、数据读取及数据筛选。

图 3-1　Excel 自动化中的部分活动

3.1.1　工作簿类命令

工作簿是处理和存储数据的文件，一个 Excel 文件对应一个工作簿，Excel 文件标题栏上显示的便是当前工作簿的名字。Excel 自动化中的工作簿类命令包括打开 Excel 工作簿、绑定 Excel 工作簿、保存 Excel 工作簿等，其功能如表 3-1 所示。

表 3-1　Excel 自动化中的工作簿类命令功能描述

命令类型	活动名称	功　　能
Excel 工作簿类命令	打开 Excel 工作簿	打开指定工作簿，所有针对工作簿的操作都是针对某个已打开的工作簿而进行的；若指定工作簿不存在，则会自动创建一个空白的 Excel 工作簿文件
	绑定 Excel 工作簿	绑定一个已打开的 Excel 工作簿，并返回绑定的对象
	保存 Excel 工作簿	对指定的 Excel 工作簿进行保存
	另存 Excel 工作簿	将某一 Excel 工作簿另存为指定文件
	激活 Excel 工作簿窗口	指将绑定的 Excel 窗口前置，以便后续操作
	关闭 Excel 工作簿	关闭指定工作簿

3.1.2　数据处理类命令

在 Excel 自动化中，数据处理类命令涉及数据的查找、读取与写入，具体包括查找数据、读取内容、写入内容、删除行、写入行、插入图片、选中区域及执行宏等命令，其功能如表 3-2 所示。

表 3-2　Excel 自动化数据处理类命令功能描述

命令类型	活动名称	功　　能
Excel 数据处理类命令	查找数据	查找某一值在工作表中的位置，并返回此位置的单元格名称或索引
	读取单元格	读取指定工作表中某一单元格的值
	读取区域	读取指定工作表中某一区域的值，返回二维数组
	自动填充区域	对指定工作表中指定区域的单元格进行自动填充
	读取行	读取指定工作表某一单元格所在行的值
	读取列	读取指定工作表某一单元格所在列的值
	获取行数	获取指定工作表有数据的行数
	获取列数	获取指定工作表有数据的列数
	合并或拆分单元格	在某一工作表中合并指定单元格
	写入单元格	在某一工作表中，将值或公式写入指定单元格
	写入行	在某一工作表中，从指定单元格向后输入一行数据
	删除行	在某一工作表中，删除指定单元格或指定行号所在行
	写入列	在某一工作表中，从指定单元格向下输入一列数据
	删除列	在某一工作表中，删除指定单元格或指定行号所在列
	插入行	在某一工作表中，于指定单元格前插入一行数据
	插入列	在某一工作表中，于指定单元格前插入一列数据
	插入图片	在某一工作表中，于指定单元格插入特定图片，并设置图片的大小、位置
	删除图片	在某一工作表中，删除指定名字或指定顺序的名字
	写入区域	在某一工作表中，将指定二维数组填入特定范围
	选中区域	选中某一工作表中的指定区域，便于后续操作
	清除区域	清除某一工作表中指定区域的内容
	删除区域	删除某一工作表中的指定区域
	执行宏	在某一启动宏的工作簿中执行指定宏

3.1.3　格式类命令

Excel 格式类命令主要针对工作表的外观与格式，包括指定单元格所在的行高、列宽设置，指定单元格或区域的颜色设置，以及选中单元格或区域的字体颜色设置，其功能如表 3-3 所示。

表 3-3　Excel 自动化格式类命令功能描述

命令类型	活动名称	功　能
Excel 格式类命令	设置列宽	将某一工作表中的特定单元格所在列设置为指定列宽
	设置行高	将某一工作表中的特定单元格所在行设置为指定行宽
	设置单元格颜色	将某一工作表中选定的单元格设置为指定颜色
	设置单元格字体颜色	将某一工作表中选定的单元格字体设置为指定颜色
	设置区域字体颜色	将某一工作表中选定的区域字体设置为指定颜色
	设置区域颜色	将某一工作表中选定的区域设置为指定颜色

3.1.4　工作表类命令

工作表是指工作簿中的一张表格。每个工作簿默认包含三张工作表，分别为 Sheet1、Sheet2、Sheet3。如表 3-4 所示，工作表类命令便是针对工作表进行的，包括创建工作表、获取工作表名称、重命名工作表、复制工作表等操作。

表 3-4　Excel 自动化工作表类命令功能描述

命令类型	活动名称	功　能
Excel 工作表类命令	创建工作表	在指定工作簿创建新的工作表
	获取当前工作表名	获取指定工作簿当前工作表的名称
	获取所有工作表名	获取指定工作簿所有工作表的名称
	重命名工作表	将某一工作簿中的指定工作表进行重命名
	复制工作表	复制某一工作簿中的指定工作表
	激活工作表	激活某一工作簿中的指定工作表
	删除工作表	删除某一工作簿中的指定工作表

3.1.5　销项税金测算审计模拟实训

1. 场景描述

重庆数字链审会计师事务所对重庆蛮先进智能制造有限公司的"应交增值税——销项税金"进行审查。"应交增值税——销项税金测算表"如图 3-2 所示，其中收入、税率、未审数已知，要计算被审计单位应交增值税——销项税金及其合计数、差异额（合计-未审数）与差异率（差异额/未审数），判断差异是否可以接受，并得出相应的审计说明。

2. 开发思路

首先，打开应交增值税——销项税金测算表，读取收入与税率的值，通过公式计算得出相应的应交增值税税额与其合计。其次，将应交增值税税额与其合计填入 Excel。然后利用公式计算差异额与差异率。最后，利用 IF 条件判断，判断差异率是否超过±5%，若超过，则在 Excel 后填写"差异率大于±5%，差异较大，有待进一步审查。"；若未超过，则填写"差异率小于±5%，差异较小，可以接受。"。

本案例将涉及 7 个变量，4 个赋值语句和 1 个 IF 条件判断语句。

应交增值税——销项税金测算表

被审计单位：重庆銮先进智能制造有限公司　编制：　日期：2021/1/23　索引号：FH-005
报表截止日：2020年12月31日　复核：　日期：2021/1/25　项目：应交税费-应交增值税销项税金测算表

项　目	销售品种	收　入	税　率	应交增值税-销项税金
一、测算数				
1.主营业务收入	6001020201 运输收入（1-4月）	1,436,840.45	11.00%	158,052.45
	6001020201 运输收入（5-12月）	6,743,136.99	10.00%	674,313.70
	6001020202 装卸及服务收入	8,848,177.06	6.00%	530,890.62
	6001020203 其他收入	147,561.75	6.00%	8,853.71
2.其他业务收入	6051 其他业务收入	274,296.64	6.00%	16,457.80
3.其他	预收账款	103,406.07	10.00%	10,340.61
合计		17,553,418.96		1,398,908.88
二、未审数				1,404,523.14
三、差异额				-5,614.26
四、差异率				-0.40%
审计说明：	差异率小于±5%，差异较小，可以接受。			

图 3-2　应交增值税——销项税金测算表

3. 开发步骤

步骤一：添加【打开 Excel 工作簿】，文件路径选择"@res"应交增值税——销项税金测算表.xlsx""。

步骤二：添加【读取区域】，在右侧属性栏区域后输入""C5:D10""，输出到填写变量"收入与税率"，显示即返回属性选择"false"。

步骤三：添加【变量赋值】，在右侧属性栏的变量名处填写变量"应交增值税"，在变量值后输入"[收入与税率[0][0]*收入与税率[0][1],收入与税率[1][0]*收入与税率[1][1],收入与税率[2][0]*收入与税率[2][1],收入与税率[3][0]*收入与税率[3][1],收入与税率[4][0]*收入与税率[4][1],收入与税率[5][0]*收入与税率[5][1]]"。

步骤四：添加【写入列】，在单元格后填写""E5""，数据后写入变量"应交增值税"。

步骤五：计算应交增值税合计数。添加【变量赋值】，在右侧属性栏的变量名处填写变量"应交增值税合计"，变量值填写"应交增值税[0]+应交增值税[1]+应交增值税[2]+应交增值税[3]+应交增值税[4]+应交增值税[5]"。

步骤六：添加【写入单元格】，将变量"应交增值税合计"写入单元格""E11""。

步骤七：添加【读取单元格】，将单元格""E12""的值输出到变量"未审数"，显示即返回属性选择"false"。

步骤八：添加两个【变量赋值】，在第一个变量名后填写变量"差异额"，变量值输入"应交增值税合计-未审数"；在第二个变量名后填写变量"差异率"，变量值输入"差异额/未审数"。

步骤九：添加两个【写入单元格】，分别把变量"差异额""差异率"填入""E13""""E14""。

步骤十：添加【条件分支】，将属性窗口的判断表达式设置为"差异率>0.05 or 差异率<−0.05"。

步骤十一：添加【如果条件成立】和【否则执行后续操作】，并在下方各自拖入 1 个【写入单元格】，根据设计思路，分别修改填入的信息。

步骤十二：添加【关闭 Excel 工作簿】，对是否"立即保存"选择"是"。

完成以上十二个步骤后，程序的可视化界面和源代码界面分别如图 3-3、图 3-4 所示。

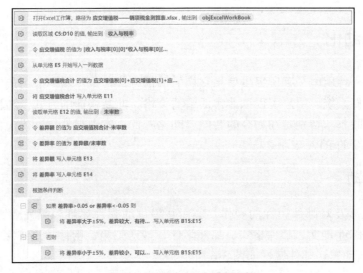

图 3-3　程序的可视化界面

```
1   Dim objExcelWorkBook,arrayRet,temp,objRet,sRet,dRet
2   objExcelWorkBook = Excel.OpenExcel(@res"应交增值税——销项税金测算表.xlsx",true,"Excel","","")
3   收入与税率=Excel.ReadRange(objExcelWorkBook,"Sheet1","C5:D10",false)
4   应交增值税 = [收入与税率[0][0]*收入与税率[0][1],收入与税率[1][0]*收入与税率[1][1],收入与税率[2][0]*
5   Excel.WriteColumn(objExcelWorkBook,"Sheet1","E5",应交增值税,false)
6   应交增值税合计 = 应交增值税[0]+应交增值税[1]+应交增值税[2]+应交增值税[3]+应交增值税[4]+应交增值税[5]
7   Excel.WriteCell(objExcelWorkBook,"Sheet1","E11",应交增值税合计,false)
8   未审数=Excel.ReadCell(objExcelWorkBook,"Sheet1","E12",false)
9   差异额 = 应交增值税合计-未审数
10  差异率 = 差异额/未审数
11  Excel.WriteCell(objExcelWorkBook,"Sheet1","E13",差异额,false)
12  Excel.WriteCell(objExcelWorkBook,"Sheet1","E14",差异率,false)
13  If  差异率>0.05 or 差异率<-0.05
14  Excel.WriteCell(objExcelWorkBook,"Sheet1","B15:E15","差异率大于±5%,差异较大,有待进一步审查。",f
15  Else
16  Excel.WriteCell(objExcelWorkBook,"Sheet1","B15:E15","差异率小于±5%,差异较小,可以接受。",false)
17  End If
```

图 3-4　程序的源代码界面

单击 UiBot Creator 主界面上方快捷栏上的"运行",经过自动化运算后的 Excel 如图 3-5 所示。

应交增值税——销项税金测算表

| 被审计单位:重庆蛮先进智能制造有限公司 | 编制: | 日期:2021/1/23 | 索引号:FH-005 |
| 报表截止日:2020年12月31日 | 复核: | 日期:2021/1/25 | 项目:应交税费-应交增值税销项税金测算表 |

项　目	销售品种	收 入	税 率	应交增值税-销项税金
一、测算数				
1.主营业务收入	6001020201 运输收入（1-4月）	1436840.45	0.11	158,052.45
	6001020201 运输收入（5-12月）	6743136.99	0.10	674,313.70
	6001020202 装卸及服务收入	8848177.06	0.06	530,890.62
	6001020203 其他收入	147561.75	0.06	8,853.70
2.其他业务收入	6051 其他业务收入	274296.64	0.06	16,457.80
3.其他	预收账款	103406.07	0.10	10,340.61
合计		17553418.96		1,398,908.88
二、未审数				1,404,523.14
三、差异额				-5,614.26
四、差异率				-0.40%
审计说明:	差异率小于±5%,差异较小,可以接受。			

图 3-5　自动化运行后的 Excel 结果

3.2 邮件自动化

电子邮件是一种用电子手段提供信息交换的通信方式，是互联网应用最广泛的服务。通过网络的电子邮件系统，用户可以以非常低廉的价格、非常快捷的方式，与世界上任何一个角落的网络用户联系。特别是在如今的智能自动化时代，实现邮件自动化，自动发送、获取邮件已成为最重要的 RPA 应用之一。

3.2.1 邮件活动

邮件自动化涉及对邮件属性的操作，UiBot 提供的邮件属性包括发件人邮箱、收信邮箱、邮件标题、邮件正文、邮件格式、邮件附件、抄送邮箱、密件抄送邮箱等。以 Outlook 为例，Outlook 活动发送邮件属性如图 3-6 所示。

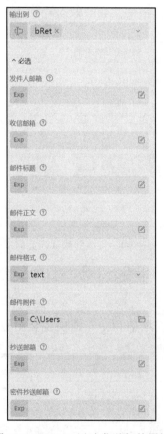

图 3-6　Outlook 活动发送邮件属性

UiBot 提供了一系列支持 SMTP/POP、IMAP 电子邮件协议的活动，还支持对 Outlook、IBM Notes 邮件客户端进行自动化操作，如发送邮件、回复邮件、获取邮件、下载附件等。邮件自动化的主要功能如表 3-5 所示。

表 3-5　邮件自动化的主要功能描述

命令类型	活动名称	主 要 功 能
Outlook	发送邮件	发送邮件到指定邮箱，发送成功返回 true，失败则返回 false
	获取邮件列表	获取指定邮箱中的邮件列表，以数组的形式返回
	移动邮件	将指定的邮件移动到指定文件夹，移动成功返回 true，失败则返回 false
	回复邮件	回复邮件，成功返回 true，失败则返回 false
	删除邮件	删除指定邮件信息
	下载附件	下载指定邮件消息中的附件
IBM Notes	发送邮件	发送邮件到指定邮箱，发送成功返回 true，失败则返回 false
	获取邮件列表	获取指定邮箱中的邮件列表，以数组的形式返回
	移动邮件	将源文件夹的邮件移动到指定文件夹
	回复邮件	回复邮件
	下载附件	下载指定邮件中的附件
	删除邮件	删除指定邮件
SMTP/POP	发送邮件	发送邮件到指定邮箱
	获取邮件列表	获取收件箱中的邮件列表，列表为一个数组，数组中的每一项为邮件对象
	删除邮件	指定邮件对象删除对应邮件，在使用该命令删除邮件后，必须调用断开邮箱连接（Mail.Disconnect）命令，才能真正删除成功。如果邮件服务器设置了"进行收信软件删除邮件"，则无法删除
	下载附件	下载邮件中的附件
IMAP	连接邮箱	连接 IMAP 接收邮件服务器，返回一个可操控的连接对象
	获取邮件列表	获取邮件文件夹中的邮件列表，返回为一个数组，数组中的每一项为邮件对象
	移动邮件	将指定的邮件移动至指定的邮件文件夹，移动成功返回 true，失败则返回 false
	查找邮件	指定查找关键字，通过检索邮件标题来获取对应的邮件，返回为一个数组，数组中的每一项为邮件对象
	下载附件	下载邮件中的附件，如附件名称出现中文乱码，须设置正确的字符集进行解码，如"gb2312"
	删除邮件	删除指定邮件

使用 UiBot 的 Outlook 和 IBM Notes 电子邮件系统收发邮件时，不需要设置服务器、端口等信息，就能够实现邮件的接收、移动和发送等。但当你使用 SMTP/POP、IMAP 活动收发邮件时，通常需要登录邮箱做一些设置，下面以 QQ 邮箱为例进行说明。

登录 QQ 邮箱，单击"设置"，再单击"账户"，找到"POP3/IMAP/SMTP/Exchange/CardDAV/CalDAV 服务"，开启"POP3/SMTP 服务"和"IMAP/SMTP 服务"（服务默认是关闭的），如图 3-7 所示。

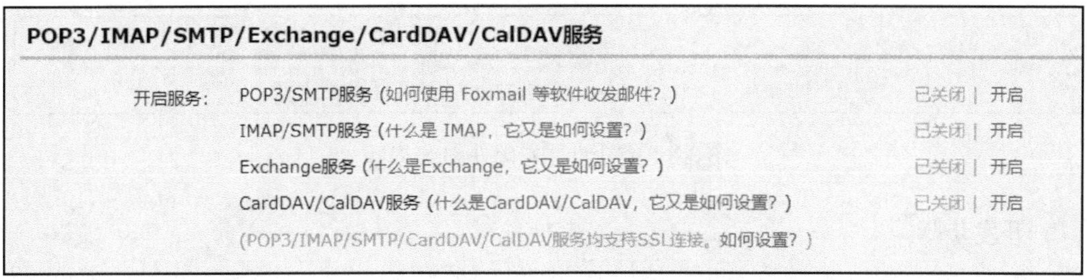

图 3-7　开启"POP3/SMTP 服务"和"IMAP/SMTP 服务"

单击"开启"，通过短信验证密码后，QQ 邮箱系统会生成一串授权码，后续使用

SMTP/ POP、IMAP 活动进行邮件收取和邮件发送操作都使用这串授权码，不再使用邮箱的原始密码。

除了对邮箱做一些设置，还需要在属性面板配置服务器地址及服务器端口号。用户常用的 QQ 邮箱和网易 163 邮箱的服务器配置信息如表 3-6 所示。

表 3-6 常用邮箱的服务器配置信息

邮箱	活动名称	服务器地址	服务器端口号
qq.com	SMTP	smtp.qq.com	465 或 587
	POP	pop.qq.com	995
	IMAP	imap.qq.com	993
网易 163	SMTP	smtp.163.com	465 或 994
	POP	pop.163.com	995
	IMAP	imap.163.com	993

3.2.2 审计报告邮件发送模拟实训

1. 场景描述

注册会计师按照中国注册会计师审计准则以及会计准则的规定对重庆蛮先进智能制造有限公司执行了审计工作。在完成现场审计工作后，注册会计师根据审计工作底稿撰写审计报告初稿，并将其提交委托方征求意见，最终形成审计报告。本实训是会计师事务所将审计报告初稿以邮件方式发送给委托方征求意见。

2. 开发思路

首先，定义工作簿、工作区域、收件人、邮件主题、邮件内容、返回结果值和发送情况 7 个变量，并对发送情况变量赋初值。打开委托方群发邮件.xlsx 输出到变量工作簿，再读取工作簿的内容输出到变量工作区域，然后通过依次读取数组中的每个元素和变量赋值，取出收件人邮箱、邮件主题、邮件内容输出到变量收件人、邮件主题、邮件内容中，接着再通过 SMTP 服务器发送邮件，将执行结果输出到变量返回结果值，最后将返回结果值 true 或 false 写入委托方群发邮件.xlsx 单元格中。

本案例将涉及 7 个变量、4 个赋值语句、1 个打开 Excel 工作簿语句、1 个读取 Excel 区域语句、1 个写入 Excel 单元格语句、1 个使用 SMTP 协议发送邮件语句和 1 个遍历数组语句。委托方群发邮件.xlsx 内容如图 3-8 所示。

图 3-8 委托方群发邮件.xlsx 内容

3. 开发步骤

步骤一：在可视化界面右边的变量窗口中依次添加 7 个变量：发送情况、返回结果值、邮件内容、工作簿、工作区域、收件人和邮件主题，并对发送情况变量赋初值，如图 3-9 所示。

步骤二：在可视化界面的第一行拖入【打开 Excel 工作簿】，文件路径设置为 ""@res" 委托方群发邮件.xlsx""，输出到"工作簿"。

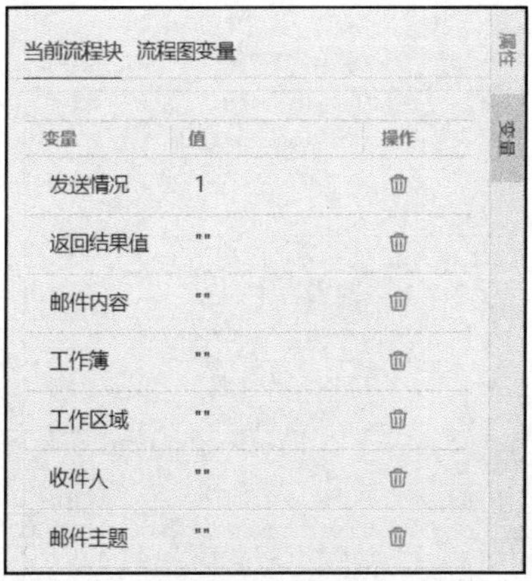

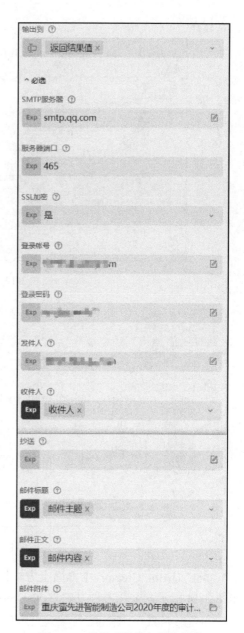

图 3-9　变量添加窗口

步骤三：在可视化界面的第二行拖入【读取区域】，读取工作簿对象"工作簿"中的工作表""Sheet1""中区域为""A2:E5""的数据，输出到"工作区域"。

步骤四：在可视化界面的第三行拖入【依次读取数组中每个元素】，用值"value"遍历数组"工作区域"。

步骤五：在【依次读取数组中每个元素】下方依次拖入 3 个【变量赋值】，令变量名"收件人"的值为"value[2]"，令变量"邮件主题"的值为"value[3]"，令变量"邮件内容"的值为""尊敬的"&value[0]&value[1]&"，"&value[4]"。

步骤六：在步骤五【变量赋值】下方拖入【网络】目录下的【SMTP/POP】目录下的【发送邮件】，设置【发送邮件】属性如图 3-10 所示。

图 3-10　设置【发送邮件】属性

步骤七：在【发送邮件】下方拖入【变量赋值】，令变量"发送情况"的变量值属性为"发送情况+1"。

步骤八：添加【写入单元格】，在 Excel 中依次写入返回结果值。设置【写入单元格】属性如图 3-11 所示。

完成以上八个步骤后，程序的可视化界面和源代码界面如图 3-12、

图 3-11　设置【写入单元格】属性

图 3-13 所示。

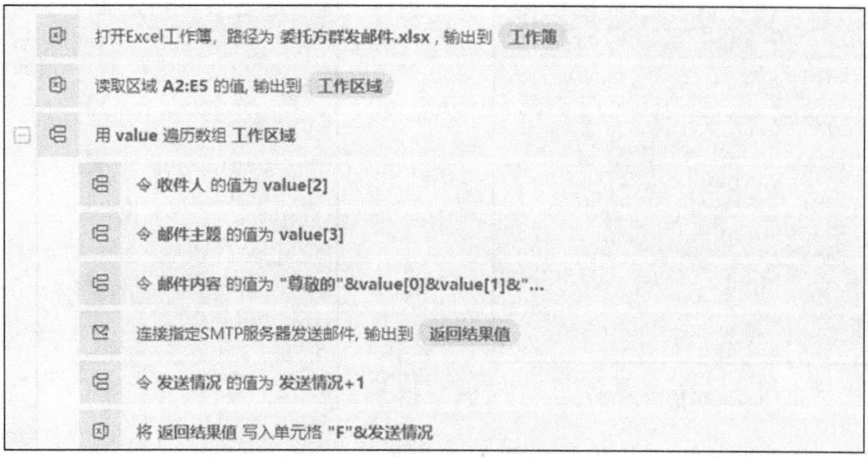

图 3-12 程序的可视化界面

```
1    Dim 发送情况 = 1
2    Dim 返回结果值 = ""
3    Dim 邮件内容 = ""
4    Dim 工作簿 = ""
5    Dim 工作区域 = ""
6    Dim 收件人 = ""
7    Dim 邮件主题 = ""
8    工作簿 = Excel.OpenExcel(@res"委托方群发邮件.xlsx",true,"Excel","","")
9    工作区域 = Excel.ReadRange(工作簿,"Sheet1","A2:E5",true)
10   For Each value In 工作区域
11       收件人 = value[2]
12       邮件主题 = value[3]
13       邮件内容 = "尊敬的"&value[0]&value[1]&", "&value[4]
14       返回结果值 = Mail.SendEx("smtp.qq.com",465,true,"▆▆▆▆@qq.com","▆▆▆▆▆▆▆","▆▆▆▆@qq.com"
15
16       发送情况 = 发送情况+1
17       Excel.WriteCell(工作簿,"Sheet1","F"&发送情况,返回结果值,true)
18   Next
```

图 3-13 程序的源代码界面

单击 UiBot Creator 主界面上方快捷栏上的"运行",程序控制台输出界面的显示结果如图 3-14 所示,委托方群发邮件.xlsx 的内容如图 3-15 所示,收到的邮件如图 3-16 所示。

输出

[2022-5-30 19:15:04] [INFO] 工作路径已切换到 D:\Desktop\委托方群发邮件\
[2022-5-30 19:15:05] [INFO] 流程 登陆邮箱.task 开始运行
[2022-5-30 19:15:18] [INFO] 登陆邮箱.task 运行已结束

图 3-14 程序控制台输出界面的显示结果

	A	B	C	D	E	F
1	姓名	性别	邮箱	邮件主题	内容	是否发送成功
2	邓媛	女士	1502955022@qq.com	审计报告	这是重庆嵩先进智能制造公司2020年度的审计报告初稿,请查收。	TRUE
3	李霖	女士	1014882970@qq.com	审计报告	这是重庆嵩先进智能制造公司2020年度的审计报告初稿,请查收。	TRUE
4	王苏	女士	1499457713@qq.com	审计报告	这是重庆嵩先进智能制造公司2020年度的审计报告初稿,请查收。	TRUE
5	邓雨	先生	1310149567@qq.com	审计报告	这是重庆嵩先进智能制造公司2020年度的审计报告初稿,请查收。	TRUE

图 3-15 委托方群发邮件.xlsx 的内容

图 3-16　收到的邮件

3.3　Word 自动化

与 Excel 类似，Word 也是 Office 办公软件的重要组成成员，它提供了许多易于使用的文档创建工具，同时也提供了丰富的功能集供创建复杂的文档使用。Word 格式的文档几乎是办公文档的事实标准，对 Word 实现自动化，也是 RPA 流程中重要的一环。

对 Word 自动化的各个活动进行分析，我们可以将其划分为文档类命令、文本处理类命令和格式类命令三种类型。文档类命令主要针对指定 Word 文档，对其进行打开、读取、重写、保存等操作；文本处理类命令主要针对 Word 文档设置光标位置、移动光标位置、选择行、复制、粘贴等操作；格式类命令是对 Word 文档的格式进行改动，包括设置字体、文字大小、颜色、样式等。Word 自动化中的部分活动如图 3-17 所示。

图 3-17　Word 自动化中的部分活动

3.3.1　文档类命令

Word 文档类命令包括打开文档、读取文档、重写文档、保存文档、文档另存为、关闭文档等活动，其具体功能如表 3-7 所示。

表 3-7　Word 文档类命令功能描述

命令类型	活动名称	功　　能
Word 文档类命令	打开文档	打开 Word 文档
	读取文档	读取 Word 文档内容
	重写文档	将内容写到 Word 文档，会覆盖原有的内容
	保存文档	保存 Word 文档
	文档另存为	保存 Word 文档到指定位置
	关闭文档	关闭已打开的 Word 文档
	退出 Word	退出 Word 程序
	获取文档路径	获取已打开的 Word 文档的文件路径

3.3.2　文本处理类命令

Word 文本处理类命令是指对 Word 文档的内容的各种操作，包括设置光标位置、查找文本后设置光标位置、移动光标位置、选择行、全选内容、剪切等，其具体功能如表 3-8 所示。

表 3-8　Word 文本处理类命令功能描述

命令类型	活动名称	功　　能
Word 文本处理类命令	设置光标位置	设置 Word 文档光标所在位置
	查找文本后设置光标位置	在 Word 文档中查找指定的文本，并相对第一个查找到的文本设置光标位置
	移动光标位置	以相对光标现在的位置，移动光标在 Word 文档中的位置
	选择行	选择 Word 文档中的指定行范围
	全选内容	选中 Word 文档中的所有内容
	剪切	对 Word 文档当前选中的内容执行剪切操作
	复制	对 Word 文档当前选中的内容执行复制操作
	粘贴	对 Word 文档当前选中的内容执行粘贴操作
	退格键删除	对 Word 文档当前选中的内容执行退格键删除操作
	插入回车	在 Word 文档当前光标所在位置插入一个回车
	插入新页面	在 Word 文档当前光标所在位置插入一个新页符
	插入图片	在 Word 文档当前光标所在位置插入一张图片
	读取选中文字	读取 Word 文档当前选中部分的文字
	写入文字	向 Word 文档光标所在的位置写入文字，如果有选中内容则替换选中的内容
	文字批量替换	对 Word 文档中的特定字符串进行替换

3.3.3　格式类命令

Word 格式类命令是指对 Word 文档当前选中文字的格式进行具体的编辑操作，包括设置字体、文字大小、文字颜色、文字样式和对齐方式等，其具体功能如表 3-9 所示。

表 3-9　Word 格式类命令功能描述

命令类型	活动名称	功　　能
Word 格式类命令	设置字体	设置已打开的 Word 文档当前选中文字的字体
	设置文字大小	设置已打开的 Word 文档当前选中文字的字体大小
	设置文字颜色	设置已打开的 Word 文档当前选中文字的字体颜色
	设置文字样式	设置已打开的 Word 文档当前选中文字的样式
	设置对齐方式	设置已打开的 Word 文档当前选中文字的对齐方式

3.3.4　生成询证函模拟实训

1. 场景描述

重庆数字链审会计师事务所对重庆蛮先进智能制造有限公司的往来款项实施函证。在向相关企业进行函证之前，要对询证函模板的格式进行修改，并对相关内容进行补充填写。询证函如图 3-18 所示，需要填写会计师事务所的名称，在地址处填写"重庆市巴南区花溪街道红光大道 XX 号"，在电话处填写"156XXXX5962"，在邮编处填写"401XX0"，在传真处填写"0236866XXXX"，在欠贵公司处填写"28000 元"。

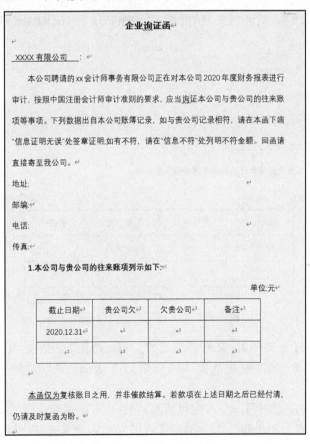

图 3-18　企业询证函文档

2．开发思路

首先，在 Word 文档需要编辑的地方插入一个特殊标记，便于文本的输入，如需要插入名称字段，就在文本中添加标记"&Name&"。接着，利用机器人查找对应标记，并选中相应文本，通过添加写入命令，将其改成所需填入的文本。最后保存文档、关闭文档。

3．开发步骤

步骤一：向 Word 文档需要改变的地方插入标记，本案例中需要插入"&name&""&address&""&zip&""&tel&""&fax&""&money&"六个标记，以便对应文本的输入，如图 3-19 所示。

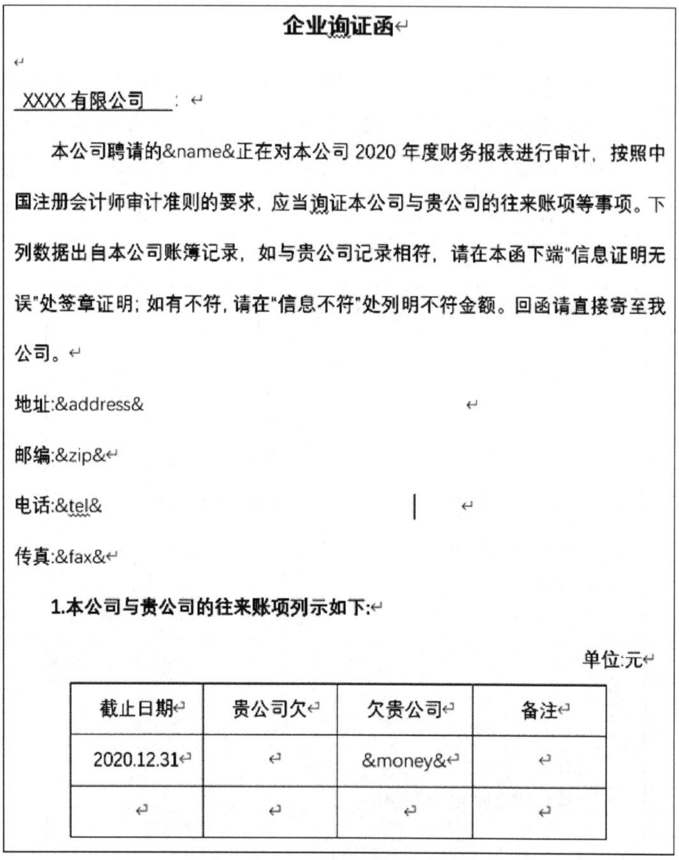

企业询证函

XXXX 有限公司

本公司聘请的&name&正在对本公司 2020 年度财务报表进行审计，按照中国注册会计师审计准则的要求，应当询证本公司与贵公司的往来账项等事项。下列数据出自本公司账簿记录，如与贵公司记录相符，请在本函下端"信息证明无误"处签章证明；如有不符，请在"信息不符"处列明不符金额。回函请直接寄至我公司。

地址：&address&

邮编：&zip&

电话：&tel&

传真：&fax&

1．本公司与贵公司的往来账项列示如下：

单位:元

截止日期	贵公司欠	欠贵公司	备注
2020.12.31		&money&	

图 3-19　插入标记的企业询证函

步骤二：添加【打开文档】，文件路径选择"@res"询证函模板.docx""，再添加【查找文本后设置光标位置】，属性栏中的文本内容填写""&name&""，相对位置选择"选中文本"。

步骤三：添加【写入文本】，写入内容填写""重庆数字链审会计师事务所""。

步骤四：重复步骤二和步骤三，分别在【查找文本后设置光标位置】的文本内容处填写""&address&""""&zip&""""&tel&""""&fax&""，在【写入文字】处填写""重庆市巴南区花溪街道红光大道 XX 号""""401XX0""""156XXXX5962""""0236866XXXX""""28000元""。

步骤五：添加【保存文档】与【关闭文档】。

完成以上五个步骤后，程序的可视化界面和源代码界面分别如图 3-20、图 3-21 所示。

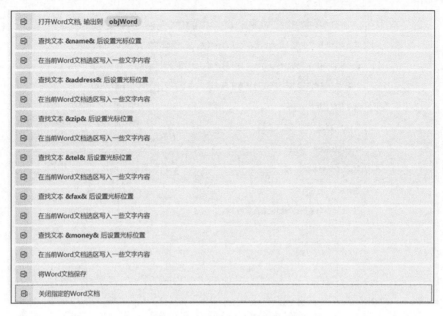

图 3-20　程序的可视化界面

```
1   Dim objWord
2   objWord = Word.Open(@res"询证函模板.docx","","",true)
3   Word.SetTextPosition(objWord,"&name&",0)
4   Word.Write(objWord,"重庆数字链审会计师事务所")
5   Word.SetTextPosition(objWord,"&address& ",0)
6   Word.Write(objWord,"重庆市巴南区花溪街道红光大道XX号")
7   Word.SetTextPosition(objWord,"&zip&",0)
8   Word.Write(objWord,"401XX0")
9   Word.SetTextPosition(objWord,"&tel&",0)
10  Word.Write(objWord,"156XXXX5962")
11  Word.SetTextPosition(objWord,"&fax&",0)
12  Word.Write(objWord,"023-6866XXXX")
13
14  Word.SetTextPosition(objWord,"&money&",0)
15
16  Word.Write(objWord,"28000元")
17  Word.Save(objWord)
18  Word.Close(objWord,true)
```

图 3-21　程序的源代码界面

单击 UiBot Creator 主界面上方快捷栏上的"运行"，修改后的企业询证函模板如图 3-22 所示。

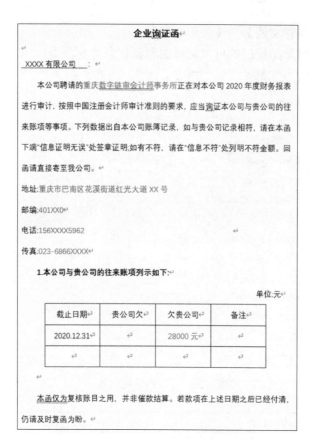

图 3-22　修改后的企业询证函模板

3.4　PDF 自动化

　　PDF 文件格式是以跨平台支持多媒体集成信息的出版和发布为目的而设计的文件格式，它具有许多其他电子文档格式无法相比的优点。PDF 文件格式可以将文字、字形、格式、颜色及独立于设备和分辨率的图形图像等封装在一个文件中。该格式文件还可以包含超文本链接、声音和动态影像等电子信息，支持特长文件，集成度和安全可靠性都较高。

　　PDF 文件不管是在 Windows、Unix 还是在苹果公司的 Mac OS 操作系统中都是通用的。这一特点使它成为在 Internet 上进行电子文档发行和数字化信息传播的理想文档格式。越来越多的电子图书、产品说明、公司文案、网络资料、电子邮件开始使用 PDF 格式文件。目前，上市公司的季报、半年报和年报普遍以 PDF 格式发布，PDF 格式文件已成为数字化信息事实上的一个工业标准。

3.4.1　PDF 活动

　　在办公场景中，PDF 格式文件是 Office 格式文件之外最常用的文件格式，因此对 PDF 文件的处理也显得非常重要。UiBot 提供对 PDF 文件处理的命令，包括获取总页数、获取所有图片、将指定页另存为图片、获取指定页图片、获取指定页文本、合并 PDF，PDF 自动化的部分活动如图 3-23 所示，其具体功能如表 3-10 所示。

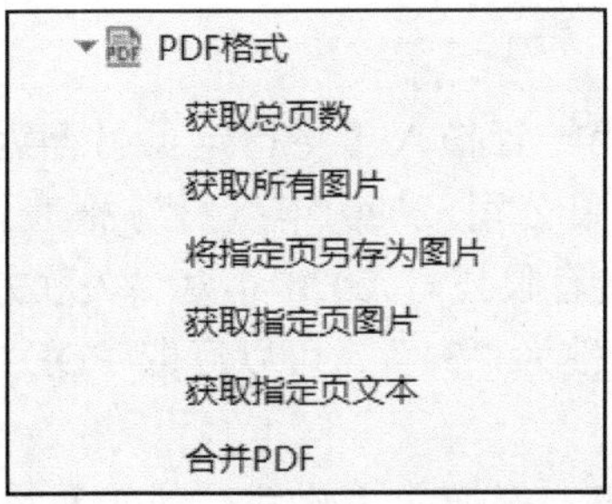

图 3-23　PDF 自动化中的部分活动

表 3-10　PDF 自动化功能描述

命令类型	活动名称	功　　能
PDF 格式	获取总页数	获取指定的 PDF 文件总页数
	获取所有图片	获取指定 PDF 文件中的所有图片，图片以"PDF 文件名_序号"的命名方式保存
	将指定页另存为图片	将 PDF 文件中指定的页另存为图片，图片以"PDF 文件名_序号"的命名方式保存
	获取指定页图片	获取 PDF 文件中指定的页的图片，图片以"PDF 文件名_序号"的命名方式保存
	获取指定页文本	获取 PDF 文件中指定的页的文本
	合并 PDF	将多个 PDF 文件合并成一个 PDF 文件

3.4.2　关联方关系及其交易数据格式转换模拟实训

1. 场景描述

关联方及其交易历来是注册会计师审计的重点，因为较多财务舞弊都是通过关联方及其交易进行的。关联方及其交易新的表现形式，对注册会计师审计提出了新的挑战，注册会计师应通过加强对关联方及其交易的审计力度、扩大其审计范围，充分利用各种审计方法及手段，以降低审计风险，提高财务报告审计的质量。

本案例的场景是数字链审会计师事务所对重庆蛮先进智能制造有限公司进行审计，在出具审计报告时，需要就关联方交易情况与被审计单位进行沟通，这时候注册会计师会将财务报表附注第 30 和第 31 页的"关联方关系及其交易"内容以图片的形式，单独通过邮件发送给被审计单位。

2. 开发思路

首先，选择 PDF 格式的将指定页另存为图片，选择出需查询的"关联方关系及其交易"的内容，再使用 Outlook 发送邮件给预期使用者，并将执行结果输出到变量返回结果值。最后，通过 IF 语句对返回结果值是否为真进行判断：如果为真，则弹出消息内容""发送成功""；如果不为真，则弹出消息内容""发送失败""。

本案例将涉及 2 个变量、1 个将 PDF 指定页另存为图片的语句、1 个使用 Outlook 发送邮件的语句、2 个弹出消息框语句、1 个 IF 条件判断语句。

3. 开发步骤

步骤一：在可视化界面的第一行拖入【将指定页另存为图片】，选择文件路径属性为"@res"重庆蛮先进智能制造有限公司 2020 年度财务报表附注.pdf""，保存目录属性为"@res"图片-重庆蛮先进智能制造有限公司 2020 年度"关联方关系及其交易"""，设置开始页码属性为"30"，结束页码属性为"31"，可以读取 PDF 中关于"关联方关系及其交易"的内容。

步骤二：在可视化界面的第二行拖入【软件自动化】目录下【Outlook】目录下的【发送邮件】，设置【发送邮件】属性如图 3-24 所示。

图 3-24 设置【发送邮件】属性

步骤三：在可视化界面的第三行拖入【如果条件成立】，设置判断表达式为"返回结果值=True"。

步骤四：在【如果条件成立】下方拖入【消息框】，再拖入【否则执行后续操作】【消息框】，然后根据设计思路，分别修改消息框的内容。

完成以上四个步骤后，程序的可视化界面和源代码界面如图 3-25、图 3-26 所示。

图 3-25 程序的可视化界面

```
Dim 返回结果值,iRet
PDF.PageSaveToPic(@res"重庆蛮先进智能制造有限公司2020年度财务报表附注.pdf","",@res"图片
返回结果值 = Outlook.SendMail("    @qq.com","    @qq.com","重庆蛮先进智能制造有
If 返回结果值=True
    iRet = Dialog.MsgBox("发送成功","UiBot",0,1,0)
Else
    iRet = Dialog.MsgBox("发送失败","UiBot",0,1,0)
End If
```

图 3-26 程序的源代码界面

单击 UiBot Creator 主界面上方快捷栏上的"运行",程序控制台输出界面的显示结果如图 3-27 所示,收到的邮件如图 3-28 所示。

```
[2022-4-2 22:56:14] [INFO] 工作路径已切换到 D:\Desktop\PDF自动化技术\
[2022-4-2 22:56:14] [INFO] 流程 main.prj 开始运行
[2022-4-2 22:56:14] [INFO] 进入流程块"PDF自动化"
[2022-4-2 22:56:27] [INFO] main.prj 运行已结束
```

图 3-27 程序控制台输出界面显示结果

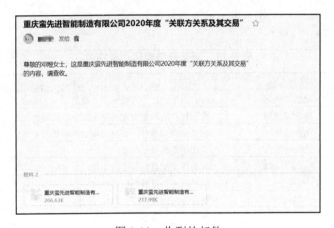

图 3-28 收到的邮件

3.5 浏览器自动化

浏览器的自动化是软件自动化的一个重要组成部分。从特定的网站上抓取数据、自动化操作 Web 形态的业务系统都需要基于浏览器进行自动化操作。UiBot 目前支持 IE 浏览器、Google Chrome 浏览器、火狐浏览器、UiBot 自带浏览器四种浏览器,其中,前三种浏览器需要提前安装到计算机中,并且安装相应浏览器扩展,UiBot 自带的浏览器 UiBot Brower 可以直接操作。本小节我们以谷歌浏览器为例,先对浏览器自动化的功能进行梳理,再讲解安装浏览器拓展、打开网站、查找网页信息和获取并导出网页信息的流程。

3.5.1 主要功能

UiBot 浏览器自动化中的活动是对选定浏览器进行一系列相关操作,部分活动如图 3-29 所示,包括启动新的浏览器、绑定浏览器、切换标签页、关闭标签页,以及前进、后退、刷新等,其具体功能如表 3-11 所示。

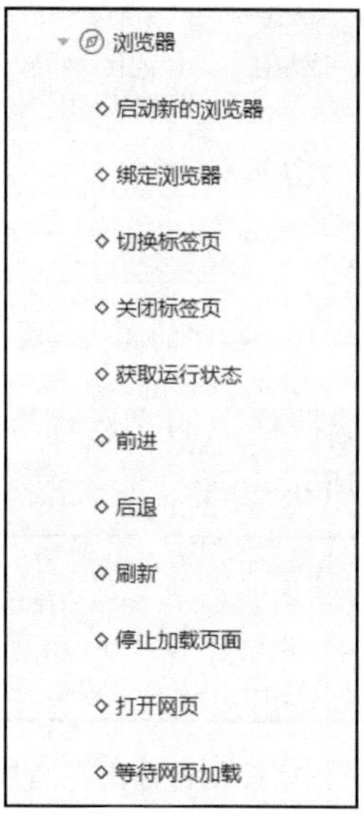

图 3-29　浏览器自动化中的部分活动

表 3-11　浏览器自动化功能描述

自动化	活动名称	功　　能
浏览器自动化	启动新的浏览器	打开指定网址，可设置延时功能
	绑定浏览器	将已打开的网址设置为操控对象，可设置延时功能
	切换标签页	在某一浏览器中，切换到指定标题栏和地址栏的页面
	关闭标签页	关闭指定浏览器对象
	获取运行状态	判断指定浏览器是否在运行
	前进	执行指定浏览器的前进操作
	后退	执行指定浏览器的后退操作
	刷新	执行指定浏览器的刷新操作
	停止加载页面	停止加载当前页面
	打开网页	使浏览器加载指定链接，可设置延时功能
	等待网页加载	等待当前浏览器页面加载完成，并将此页面作为操控对象进行赋值
	下载文件	利用浏览器下载指定链接的文件
	读取网页源码	读取当前页面的网页源码，如果网页是 JS 构建的，则读取的代码包含了渲染后的完整 HTML 结构树
	获取网页 URL	获取当前页面的链接地址（URL）
	获取网页标题	获取当前页面的网页标题
	读取网页 Cookies	读取网页的 Cookies 数据
	设置网页 Cookies	设置网页的 Cookies 数据
	浏览器截图	进行网页截图
	获取滚动条位置	获取当前页面滚动条的位置
	设置滚动条位置	设置当前页面滚动条的位置
	执行 JS	执行 JS，返回 JS 执行结果（字符串格式）

3.5.2 企业盈利能力对比模拟实训

1. 场景描述

重庆数字链审会计师事务所在对重庆蛮先进智能制造有限公司利润表进行审计的过程中，对其连续盈利能力表示怀疑。为了初步判断其利润表的真实可靠程度，要在互联网中搜索其同行业其他企业——新松机器人自动化股份有限公司的利润表进行对比。本实训的场景是自动打开同花顺网站，然后找到对标企业的利润表进行下载。

2. 开发思路

首先，安装 Chrome 扩展，并且设置谷歌浏览器下载文件的保存路径，再通过浏览器自动化打开"新松机器人自动化股份有限公司"在同花顺的网页，利用鼠标选择下载该公司的利润表并进行保存。

3. 开发步骤

步骤一：打开 UiBot Creator，在左侧菜单栏单击"工具"，安装 Chrome 扩展，如图 3-30 所示。

图 3-30　浏览器自动化部分活动

步骤二：打开谷歌浏览器，单击"自定义及控制""设置""高级""下载内容"，设置位置为"D:\企业盈利能力对比模拟实训\res\利润表"（该机器人流程文件夹下的"res"文件夹下的"利润表"文件夹），取消"下载询问每个文件夹的保存位置"。

步骤三：添加【启动新的浏览器】，在右侧属性栏选择"Google Chrome"浏览器，打开链接后输入""http://stockpage.10jqka.com.cn/300024/""。

步骤四：添加【点击目标】，单击"未指定"图标，选取网页中的"财务分析"。

步骤五：继续添加两个【点击目标】，单击"未指定"图标，一个选取网页中的"利润表"，另一个选取"导出数据"。

完成以上五个步骤后，程序的可视化界面和源代码界面分别如图 3-31、图 3-32 所示。

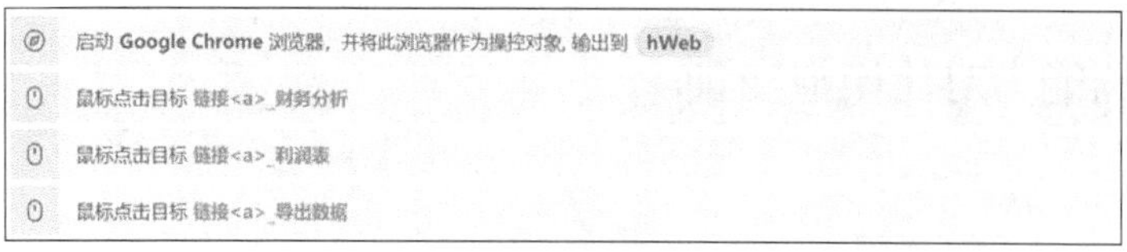

```
⊘  启动 Google Chrome 浏览器，并将此浏览器作为操控对象，输出到  hWeb
①  鼠标点击目标 链接<a>_财务分析
①  鼠标点击目标 链接<a>_利润表
①  鼠标点击目标 链接<a>_导出数据
```

图 3-31　程序的可视化界面

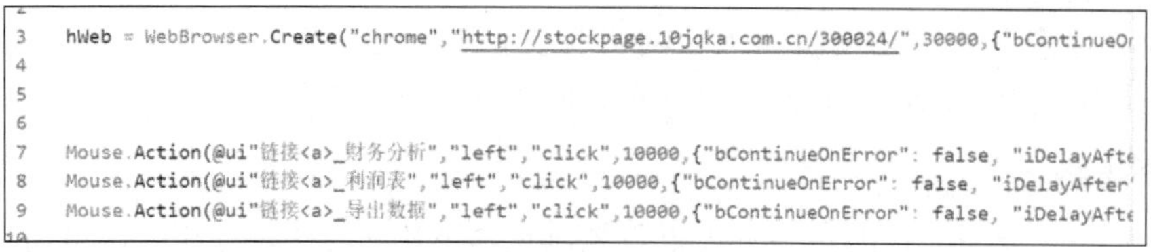

```
3   hWeb = WebBrowser.Create("chrome","http://stockpage.10jqka.com.cn/300024/",30000,{"bContinueOr
4
5
6
7   Mouse.Action(@ui"链接<a>_财务分析","left","click",10000,{"bContinueOnError": false, "iDelayAfte
8   Mouse.Action(@ui"链接<a>_利润表","left","click",10000,{"bContinueOnError": false, "iDelayAfter'
9   Mouse.Action(@ui"链接<a>_导出数据","left","click",10000,{"bContinueOnError": false, "iDelayAfte
```

图 3-32　程序的源代码界面

单击 UiBot Creator 主界面上方快捷栏上的"运行"，Word 生成结果如图 3-33 所示。

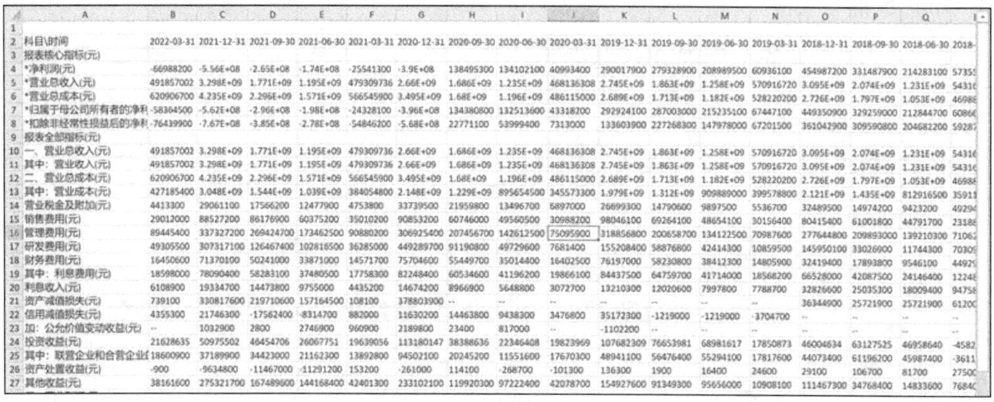

图 3-33　程序运行结果

3.6　OCR 自动化

OCR （Optical Character Recognition，光学字符识别）是指用电子设备（如扫描仪或数码相机）检查纸上打印的字符，通过检测暗、亮的模式确定其形状，然后用字符识别方法将形状翻译成计算机文字的过程。这是一种针对印刷体字符，采用光学的方式将纸质文档中的文字转换成为黑白点阵的图像文件，并通过识别软件将图像中的文字转换成文本格式，供文字处理软件进一步编辑加工的技术。

3.6.1　基本功能介绍

在 UiBot 中，OCR 自动化属于界面操作自动化，需要在联网的环境下使用。我们可以将其划分为"文本识别""图像识别""屏幕识别"三大模块。

"文本识别"主要是通过鼠标单击OCR文本、将鼠标移动到 OCR 文本上或查找 OCR 文本位置，使用 OCR 技术在目标范围内进行指定文字识别的操作。"图像识别"是对指定的图片进行 OCR 识别，提取出图片内的文本信息。"屏幕识别"是使用 OCR 技术提取系统屏幕设置范围内的文本信息。具体功能如表 3-12 所示。

表 3-12　OCR 自动化功能描述

识别件	OCR（百度）	功　能
OCR 自动化	鼠标单击 OCR 文本	使用 OCR 在窗口范围内进行指定文字识别，如果识别到指定文字就单击它
	将鼠标移动到 OCR 文本上	使用 OCR 在界面元素范围内进行指定文字识别，如果识别到指定文字，就将光标移动到文字所在的位置
	查找 OCR 文本位置	使用 OCR 查找文本位置，成功则返回字典类型的文本位置，失败则引发异常
	图像 OCR 识别	对指定图像进行 OCR 识别
	图像特殊 OCR 识别	对指定图像进行特殊的 OCR 识别
	屏幕 OCR 识别	使用 OCR 识别屏幕指定范围
	屏幕特殊 OCR 识别	使用特殊 OCR 识别屏幕指定范围

正常使用 OCR（百度）需要满足以下要求：

（1）接入互联网或购买离线服务；

（2）超过 OCR 百度识别的免费额度（通用文字识别每天 5000 次，证照等识别每天 500 次）需要向百度付费；

（3）使用时要申请百度云账号及 OCR 服务账号以获取 Apikey 和 Secretkey。通过 https://cloud.baidu.com/网址，找到"OCR 文字识别"功能进行申请，申请成功后可查看 Apikey 和 Secretkey。以火车票识别申请为例，申请成功界面如图 3-34 所示，可查看对应的 Apikey 和 Secretkey。

图 3-34　火车票识别申请

3.6.2　交通费用报销审计模拟实训

1. 场景描述

注册会计师在对重庆蛮先进智能制造有限公司的交通费用报销进行审查的过程中，利用 OCR 技术手段对发票进行识别，获取出差时间、出差地点、报销金额等信息，将识别出的信息与交通费报销表中的信息进行核对，判断其是否属实。员工小王的交通费报销表及出差报销的发票如表 3-13、图 3-35 所示。

表 3-13　交通费报销表

交通费报销表			
姓名	出差时间	出差地点	报销金额
王苏	2021 年 05 月 13 日	邯郸东站	￥256.00 元

图 3-35　出差报销的高铁票

2. 开发思路

首先，通过 OCR 自动化对保存下来的报销发票图片进行识别，将结果存储在变量中；然后通过 Excel 自动化对 Excel 报销文件中的数据进行读取并储存在变量中，将两个变量进行遍历数组；最后，通过 If 函数，设立变量与变量相等的条件，满足条件则该笔交通费用报销准确，否则该笔交通费用报销有误，需进一步审查，将结果输出。

本案例将涉及 5 个变量、一个界面操作 OCR（百度），3 个基本命令，一个数据处理，3 个 Excel 自动化活动。

3. 开发步骤

步骤一：添加【图像特殊OCR 识别】，在识别图片中选择 "@res"火车票识别.png""，在右侧属性栏的 OCR 引擎中选择 "火车票识别"，并输入在百度云中申请服务时获取的 Apikey 和 Secretkey，将识别信息输出到变量 "sText" 中，如图 3-36 所示。

图 3-36　设置【图像特殊 OCR 识别】属性

步骤二：添加【JSON 字符串转换为对象】，在右侧属性栏中填写对应变量 "sText" 与输出变量 "火车票信息"。

步骤三：添加【变量赋值】，将步骤二输出的变量"火车票信息"截取姓名、日期、目的地、票价出来形成一个新的数组，填写"[火车票信息["words_result"]["name"],火车票信息["words_result"]["date"],火车票信息["words_result"]["destination_station"],火车票信息["words_result"]["ticket_rates"]]"，输出为变量"关键信息"。

步骤四：添加【打开 Excel 工作簿】，选中需要匹配的"交通费报销表.xlsx"。输出为变量"报销表"。

步骤五：添加【读取行】，在单元格后填写"A3"，将行数据输出为另一个数组，输出为变量"待匹配信息"。

步骤六：添加【从初始值开始步长计数】，初始值填写"0"，结束值填写"3"。

步骤七：在【从初始值开始步长计数】下添加【条件分支】，填入判断表达式"关键信息[i]=待匹配信息[i]"。

步骤八：在【条件分支】下添加【输出调试信息】，填写""经核对，该笔交通费用报销准确""。

步骤九：在【条件分支】否则下添加【输出调试信息】，填写""经核对，该笔交通费用报销有误，需进一步审查""。

步骤十：添加【关闭 Excel 工作簿】。

完成以上十个步骤后，程序的可视化界面和源代码界面分别如图 3-37、图 3-38 所示。

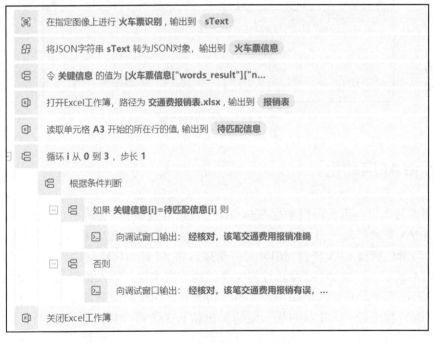

图 3-37　程序的可视化界面

单击 UiBot Creator 主界面上方快捷栏上的"运行"，程序控制台输出界面显示结果如图 3-39 所示。

```
Dim 待匹配信息 = ""
Dim 火车票信息 = ""
Dim 关键信息 = ""
Dim 报销表 = ""
Dim sText = ""

sText = OCR.ImageSpecialOCR(@res"火车票识别.png","baidu_trainTicket", "48Py1kGtLLBCfTN7WtnsdwAB", "8UCsxbHlL0uiX4
火车票信息 = JSON.Parse(sText)
关键信息=[火车票信息["words_result"]["name"],火车票信息["words_result"]["date"],火车票信息["words_result"]["destina
报销表 = Excel.OpenExcel(@res"交通费报销表.xlsx",True,"Excel","","")
待匹配信息 = Excel.ReadRow(报销表,"Sheet1","A3")
For i = 0 To 3 Step 1
    If 关键信息[i]=待匹配信息[i]
        TracePrint("经核对，该笔交通费用报销准确")

    Else
        TracePrint("经核对，该笔交通费用报销有误，需进一步审查")

    End If

Next
Excel.CloseExcel(报销表,True)
```

图 3-38　程序的源代码界面

```
输出                                                                     ×
🗑 清空
[2022-4-4 11:42:06] [INFO] 工作路径已切换到
C:\Users\Cecilia\Documents\Uibot\creator\Projects\自\OCR流程\
[2022-4-4 11:42:06] [INFO] 流程 火车票信息识别匹配.task 开始运行
[2022-4-4 11:42:17] [INFO] 火车票信息识别匹配.task 第14行："经核对，该笔交通费用报销准确"
[2022-4-4 11:42:17] [INFO] 火车票信息识别匹配.task 第14行："经核对，该笔交通费用报销准确"
[2022-4-4 11:42:17] [INFO] 火车票信息识别匹配.task 第14行："经核对，该笔交通费用报销准确"
[2022-4-4 11:42:17] [INFO] 火车票信息识别匹配.task 第14行："经核对，该笔交通费用报销准确"
[2022-4-4 11:42:18] [INFO] 火车票信息识别匹配.task 运行已结束
```

图 3-39　程序运行结果

3.7　Mage AI 自动化

2020 年 5 月 7 日，来也科技举行 RPA+AI 平台产品发布会“Laiye Lead 2020”，推出了全新的 RPA+AI 平台产品——UiBot Mage。这是全球首个专为 RPA 机器人打造的 AI 能力平台，它通过与来也科技 RPA 平台 UiBot 无缝衔接，将 AI 能力快速应用到自动化流程中。

UiBot Mage 的诞生，使 RPA 通过与文字识别、文本理解、人机对话等技术相结合，迅速实现了 AI 应用场景落地。例如，某大型零售企业，由于各地商场打折力度不同，导致销售小票与实际价格不符，人工核对繁杂且容易出错。在使用 RPA+AI 技术后，RPA 能直接读取 POS 系统的销售记录，AI 能识别、分析差别原因，并记录到系统，大幅度减少了人的工作量。

在 UiBot 中，Mage AI 自动化包括信息抽取、通用文字识别、通用表格识别、通用多票据识别、通用卡证识别、验证码识别、印章识别、自定义模板识别和其他命令等，如表 3-14 所示。下面进行每类命令的具体介绍。

表 3-14　Mage AI 自动化的组成

信息抽取	通用文字识别		通用表格识别		
文本信息抽取	屏幕文字识别	获取每行文本	屏幕表格识别	获取表格数	获取表格行
文件信息抽取	图像文字识别	获取所有文本元素	图像表格识别	获取指定表格	获取表格列
获取模板名称	PDF 文字识别	鼠标单击文本	PDF 表格识别	获取表格区域	获取表格单元格
获取字段名称列表	获取全部文本	鼠标移动到文本上	获取非表格文字	获取表格行数	提取表格结果至 Excel
获取字段结果	获取段落文本	查找文本位置	获取所有表格	获取表格列数	
通用多票据识别	通用卡证识别	印章识别	自定义模板识别		
屏幕多票据识别	屏幕卡证识别	屏幕印章识别	屏幕自定义模板识别		
图像多票据识别	图像卡证识别	图像印章识别	图像自定义模板识别		
PDF 多票据识别	PDF 卡证识别	PDF 印章识别	PDF 自定义模板识别		
获取票据类型	获取卡证类型	提取印章信息	获取自定义模板名称		
获取票据内容	获取卡证内容		获取模板的字段列表		
			获取模板识别结果		
验证码识别	文本分类	配额信息	标准地址		
屏幕验证码识别	文本分类	获取剩余配额	地址标准化		
图像验证码识别	获取排名结果		提取地址信息		

3.7.1　信息抽取命令

信息抽取命令是在 Mage 后台配置抽取模板后，对文本、文件进行信息抽取，其主要命令功能如表 3-15 所示。

表 3-15　信息抽取命令描述

命令类型	活动名称	功　能
信息抽取	文本信息抽取	对文本进行信息抽取，需在 UiBot Mage 后台配置抽取模板
	文件信息抽取	对文本文件进行信息抽取，需在 UiBot Mage 后台配置抽取模板
	获取模板名称	获取信息抽取结果中的模板名称
	获取字段名称列表	从 UiBot Mage 接口获取抽取器中信息抽取模板的字段列表
	获取字段结果	获取信息抽取结果中指定字段的结果

3.7.2　通用文字识别命令

通用文字识别命令是对图像进行通用文字识别，并根据提取类型获取文本识别结果，其主要命令功能如表 3-16 所示。

表 3-16　通用文字识别命令功能描述

命令类型	活动名称	功　能
通用文字识别	屏幕文字识别	使用 UiBot Mage 识别指定屏幕范围的文字,识别结果返回 JSON 格式
	图像文字识别	使用 UiBot Mage 识别指定图像的文字,识别结果返回 JSON 格式
	PDF 文字识别	将 PDF 指定的页码通过 UiBot Mage 通用文字识别,识别结果返回 JSON 格式。在识别多页过程中,如果其中一页失败,则整个识别会返回错误,且会消耗配额
	获取全部文本	获取通用文字识别结果中的全部文本
	获取段落文本	获取通用文字识别结果中按段落划分的全部文本
	获取每行文本	获取通用文字识别结果中按行划分的全部文本
	获取所有文本元素	获取通用文字识别结果中按文本元素划分的全部文本
	鼠标单击文本	使用 UiBot Mage 在窗口范围内进行指定文字识别,如果识别到指定文字,就单击它
	鼠标移动到文本上	使用 UiBot Mage 在界面元素范围内进行指定文字识别,如果识别到指定文字,就将光标移动到文本所在的位置
	查找文本位置	使用 UiBot Mage 查找文本位置,成功则返回字典类型的文本位置,失败则引发异常

3.7.3　通用表格识别命令

通用表格识别命令主要是对图像进行通用表格识别,并根据提取规则获取表格识别结果,其主要命令功能如表 3-17 所示。

表 3-17　通用表格识别命令功能描述

命令类型	活动名称	功　能
通用表格识别	屏幕表格识别	使用 UiBot Mage 识别指定屏幕范围的多个表格,识别结果返回 JSON 格式
	图像表格识别	使用 UiBot Mage 识别指定图像的多个表格,识别结果返回 JSON 格式
	PDF 表格识别	将 PDF 指定的页码通过 UiBot Mage 通用表格识别,识别结果返回 JSON 格式。在识别多页过程中,如果其中一页失败,则整个识别会返回错误,且会消耗配额
	获取非表格文字	获取表格识别结果中的非表格文字信息
	获取所有表格	获取表格识别结果中的所有表格信息(不包含非表格文字),返回表格对象的数组
	获取表格数	获取表格识别结果中的所有表格数量(不包含非表格文字),返回数字
	获取指定表格	获取表格识别结果中的指定表格信息,返回表格对象,该对象为二维数组
	获取表格区域	从表格对象中获取区域信息,返回二维数组
	获取表格行数	从表格对象中获取表格的行数,返回数字
	获取表格列数	从表格对象中获取表格的列数,返回数字
	获取表格行	从表格对象中获取指定表格整行信息,返回一维数组
	获取表格列	从表格对象中获取指定表格整列信息,返回一维数组
	获取表格单元格	从表格对象中获取指定表格单元格信息,返回字符串
	提取表格结果至 Excel	将"屏幕表格识别""图像表格识别""PDF 表格识别"命令的识别结果直接提取至 Excel 文件中

3.7.4 通用多票据识别命令

通用多票据识别命令是对图像进行通用多票据识别，并根据提取类型和字段获取识别结果，其主要命令功能如表 3-18 所示。

表 3-18 通用多票据识别命令功能描述

命令类型	活动名称	功 能
通用多票据识别	屏幕多票据识别	使用 UiBot Mage 识别指定屏幕范围的多种票据，识别结果返回数组
	图像多票据识别	使用 UiBot Mage 识别指定图像的多种票据，识别结果返回数组
	PDF 多票据识别	将 PDF 指定的页码通过 UiBot Mage 通用多票据识别，返回结果数组。在识别多页过程中，如果其中一页失败，则整个识别会返回错误，且会消耗配额
	获取票据类型	获取通用多票据识别结果中的票据类型
	获取票据内容	获取通用多票据识别结果中的票据内容

3.7.5 通用卡证识别命令

通用卡证识别命令是对图像进行通用卡证识别，并根据提取类型和字段获取识别结果，其主要命令功能如表 3-19 所示。

表 3-19 通用卡证识别命令功能描述

命令类型	活动名称	功 能
通用卡证识别	屏幕卡证识别	使用 UiBot Mage 识别指定屏幕范围的卡证，识别结果返回 JSON 格式
	图像卡证识别	使用 UiBot Mage 识别指定图像的卡证，识别结果返回 JSON 格式
	PDF 卡证识别	将 PDF 指定的页码通过 UiBot Mage 通用卡证识别，返回结果数组。在识别多页过程中，如果其中一页失败，则整个识别会返回错误，且会消耗配额
	获取卡证类型	获取通用卡证识别结果中的卡证类型
	获取卡证内容	获取通用卡证识别结果中的卡证内容

3.7.6 验证码识别命令

验证码识别命令是对验证码进行屏幕、图像验证码识别，并返回验证码识别结果，其主要命令功能如表 3-20 所示。

表 3-20 验证码识别命令功能描述

命令类型	活动名称	功 能
验证码识别	屏幕验证码识别	使用 UiBot Mage 识别指定屏幕范围的验证码，返回识别结果
	图像验证码识别	使用 UiBot Mage 识别指定图像的验证码，返回识别结果

3.7.7 印章识别命令

印章识别命令是对印章进行屏幕、图像和 PDF 印章识别，根据提取类型和字段获取识别结果，并转换为数组格式，其主要命令功能如表 3-21 所示。

表 3-21 印章识别命令功能描述

命令类型	活动名称	功　　能
印章识别	屏幕印章识别	使用 UiBot Mage 识别指定屏幕范围内的印章信息，识别结果返回 JSON 格式
	图像印章识别	使用 UiBot Mage 识别指定图像中的印章信息，识别结果返回 JSON 格式
	PDF 印章识别	使用 UiBot Mage 识别 PDF 文件中指定页码区域内的印章信息，识别结果返回 JSON 格式。在识别多页过程中，如果其中一页失败，则会引发异常，且会消耗配额
	提取印章信息	从印章识别结果中提取指定的印章信息，提取结果为数组格式

3.7.8　自定义模板识别命令

自定义模板识别命令是通过指定自定义模板后，对屏幕、图像、PDF 进行内容识别，并返回验证码识别结果，其主要命令功能如表 3-22 所示。

表 3-22　自定义模板识别命令功能描述

命令类型	活动名称	功　　能
验证码识别	屏幕自定义模板识别	使用 UiBot Mage 识别指定屏幕范围内的自定义模板内容，识别结果返回 JSON 格式
	图像自定义模板识别	使用 UiBot Mage 识别指定图像中的自定义模板内容，识别结果返回 JSON 格式
	PDF 自定义模板识别	将 PDF 指定的页码通过 UiBot Mage 自定义模板识别，返回结果数组。在识别多页过程中，如果其中一页失败，则整个识别会返回错误，且会消耗配额
	获取自定义模板名称	获取自定义模板识别结果中的模板名称
	获取模板的字段列表	从 UiBot Mage 接口获取识别器中自定义模板的字段列表
	获取模板识别结果	获取自定义模板识别结果中指定字段的结果

3.7.9　其他命令

其他命令由标准地址、文本分类、配额信息三个类型组成，其中，标准地址是对地址进行标准化，并返回标准的地址结构；文本分类是根据训练模型，对文本进行分类；配额信息可以获取 Mage AI 指定能力的剩余配额，可用于提前预判配额。其主要命令功能如表 3-23 所示。

表 3-23　其他命令功能描述

命令类型	活动名称	功　　能
标准地址	地址标准化	将地址进行标准化，支持输入多个地址，以\n 隔开，返回数组
	提取地址信息	先循环遍历地址标准化命令返回结果，然后从遍历结果中提取指定类型的地址信息
文本分类	文本分类	对指定文本进行分类，需提前在 UiBot Mage 后台训练分类模型
	获取排名结果	获取文本分类的排名结果
配额信息	获取剩余配额	获取 UiBot Mage 指定能力的剩余配额数。可用于提前预判配额

3.7.10 员工薪酬审计模拟实训

1. 场景描述

重庆蛮先进智能制造有限公司的内部审计人员在对员工薪酬进行审计时，会将保存在公司的员工银行卡信息与工资发放表中的银行卡信息进行对比，以核实工资发放的合规性。本案例是采用 Mage AI 识别员工的银行卡图像，获取银行名称、银行卡号等信息，将识别出的信息与员工工资发放表中的信息进行核对，判断其是否属实。小王的银行卡如图 3-40 所示，员工工资发放表中小王的信息如表 3-24 所示。

表 3-24　员工工资发放表

员工工资发放表		
姓名	银行名称	银行卡号
小王	中国农业银行	6228480088141848874

图 3-40　小王的银行卡

2. 开发思路

首先，通过 Mage AI 自动化打开通用卡证识别，对保存下来的银行卡图片进行识别，将结果存储在变量中；然后，抽取变量中所有数字，并通过 Excel 自动化读取工资表中的工资卡号；最后，添加 If 条件判断，核对工资表中的卡号与银行卡读取的卡号，并输出核对结果。

本实训将涉及 4 个变量、1 个 Mage AI 操作命令，1 个基本命令，1 个数据处理，3 个 Excel 自动化活动。

3. 开发步骤

步骤一：单击界面顶部 Mage AI 图标，按界面顺序进行"通用卡证识别→选择图像→图像地址→导入图像→选择字段→银行卡卡号→单击完成"一系列操作后，自动生成识别银行卡号命令，如图 3-41 所示。

步骤二：添加【抽取字符串中数字】，在右侧属性栏中填写对应的变量名"Result"与输出变量名"sRet"。

步骤三：添加【打开 Excel 工作簿】，选中需要匹配的"员工工资发放表.xlsx"。

步骤四：添加【读取单元格】，在单元格后填写"C3"，将单元格数据输出为变量"工资卡号"。

图 3-41　识别银行卡号命令

步骤五：添加【条件分支】，填入判断表达式"工资卡号=sRet"。

步骤六：在【条件分支】下添加【输出调试信息】，为""经核对，该员工工资发放信息正确""。

步骤七：在【条件分支】否则下添加【输出调试信息】，为""经核对，该员工工资发放信息有误，需进一步审查""。

步骤八：添加【关闭 Excel 工作簿】。

完成以上八个步骤后，程序的可视化界面和源代码界面分别如图 3-42、图 3-43 所示。

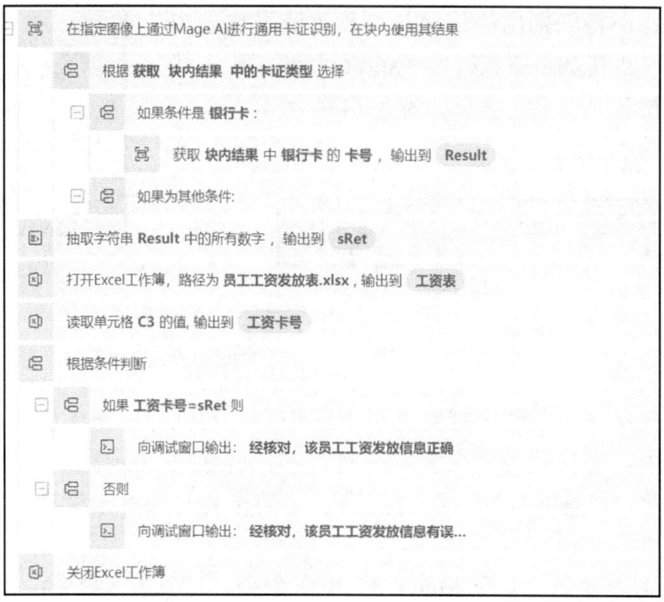

图 3-42   程序的可视化界面

```
Dim sRet = ""
Dim 工资卡号 = ""
Dim Result = ""
Dim 工资表 = ""

With Mage.ImageOCRCard(@res"银行卡.png",{"Pubkey":"fQXRFTJGRyHMXq04(
    Select Case .ExtractCardType()
    Case Alias("bank_card","银行卡")
        Result = .ExtractCardInfo("bank_card","card_number")
        End Select
End With

sRet = DigitFromStr(Result)
工资表 = Excel.OpenExcel(@res"员工工资发放表.xlsx",True,"Excel","",""
工资卡号 = Excel.ReadCell(工资表,"Sheet1","C3")
If 工资卡号=sRet

    TracePrint("经核对，该员工工资发放信息正确")
Else
    TracePrint("经核对，该员工工资发放信息有误，需进一步审查")

End If
Excel.CloseExcel(工资表,True)
```

图 3-43   程序的源代码界面

单击 UiBot Creator 主界面上方快捷栏上的"运行"，程序控制台输出界面显示结果如

图 3-44 所示。

图 3-44　程序运行结果

3.8　采购业务审计模拟实训

3.8.1　场景描述

注册会计师在对重庆蛮先进智能制造有限公司的采购与付款业务进行审计的过程中，发现一笔金额较大的采购业务，对此进行审查。注册会计师首先将该笔业务的记账凭证上登记的相关数据保存至核对表中，然后识别并读取购货合同文件中的时间、商品名称、数量、金额等信息，以及发票中的时间、商品名称、数量、金额、发票号码等信息，并填写到核对表中，进行账证核对，以便验证被审计单位该笔业务记录的真实性、准确性。

3.8.2　开发思路

首先，定义商品名称 1、商品名称 2、商品名称 3、日期 1、日期 2、日期 3 等全局变量，以便最后比较得出审计结论。其次，利用 Excel 自动化提取记账凭证上的相关信息，填入核对表；利用 PDF 自动化抓取合同信息填入核对表；利用 Mage AI 识别发票，将相关信息填入核对表。最后，通过 If 语句对相关信息进行比较判断，若信息核对成功则在审计结论中填写""经核对，该笔采购业务记录属实""；若不成功，则填写""经核对，该笔采购业务记录有误，需进一步审查""。

本案例将涉及 4 个流程块，11 个变量和 1 个 If 条件判断语句。

3.8.3　开发步骤

1. 提取记账凭证信息

步骤一：在总流程右侧的流程图变量中创建 11 个流程变量：商品名称 1、商品名称 2、商品名称 3、日期 1、日期 2、日期 3、数量 2、数量 3、金额 1、金额 2、金额 3，如图 3-45 所示。

步骤二：往流程图中拖入四个流程块，分别命名为"提取记账凭证信息""提取购货合同信息""提取发票信息""得出审计结论"。

步骤三：打开"提取记账凭证信息"流程块编辑界面，添加【打开 Excel 工作簿】，将属性栏中的文件路径改为"@res"准备文件\\记账凭证.xls""。

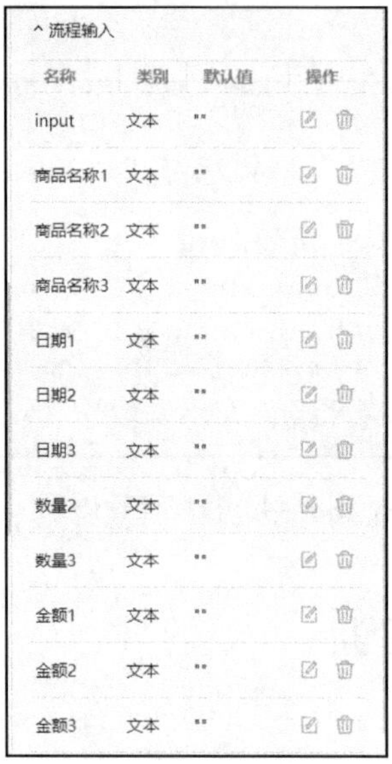

^ 流程输入

名称	类别	默认值	操作
input	文本	""	
商品名称1	文本	""	
商品名称2	文本	""	
商品名称3	文本	""	
日期1	文本	""	
日期2	文本	""	
日期3	文本	""	
数量2	文本	""	
数量3	文本	""	
金额1	文本	""	
金额2	文本	""	
金额3	文本	""	

图 3-45　变量添加窗口

步骤四：添加【读取单元格】，输出到变量“日期 1”，工作表输入“"通用记账凭证"”，单元格填写“"C5"”。

步骤五：添加【获取左侧字符串】，输出到变量“日期1”，目标字符串填写“日期 1”，截取长度填写“"9"”。

步骤六：添加【读取单元格】，输出到变量“商品名称 1”，工作表输入“"通用记账凭证"”，单元格填写“"E5"”。

步骤七：添加【读取单元格】，输出到变量“金额 1”，工作表输入“"通用记账凭证"”，单元格填写“"H5"”。

步骤八：添加【将数组合并为字符串】，输出到变量“金额 1”，目标数组填写“金额 1”，分隔符写“""”。

步骤九：添加【关闭 Excel 工作簿】，将执行中的工作簿关闭。

步骤十：添加【打开 Excel 工作簿】，将属性栏中的文件路径改为“@res"准备文件\\核对表.xlsx""”。

步骤十一：添加 3 个【写入单元格】，属性栏中的单元格分别填写“"B3"”“"C3"”“"E3"”，数据分别填写变量“日期 1”“商品名称 1”“金额 1”。

步骤十二：添加【保存 Excel 工作簿】与【关闭 Excel 工作簿】。

完成以上十二个步骤后，“提取记账凭证信息”流程块程序的可视化界面和源代码界面分别如图 3-46、图 3-47 所示。

2. 提取购货合同信息

步骤十三：打开“提取购货合同信息”流程块编辑界面，单击软件上方的“Mage AI”，第一步：①单击 Mage 配置，②选择 AI 模块“通用文字识别”，如图 3-48 所示；第二步：①选择图像来源单击“选择 PDF”，②上传购货合同.pdf 文件，如图 3-49 所示；第三步：提取类型时勾选“获取所有文本元素”，如图 3-50 所示。

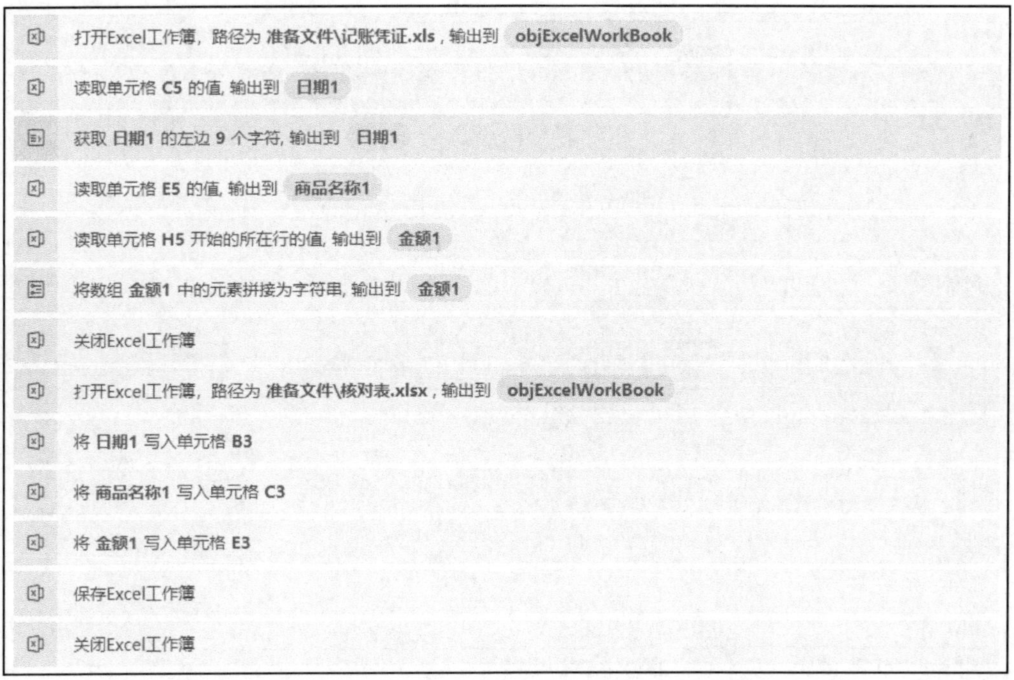

图 3-46   "提取记账凭证信息"流程块程序的可视化界面

```
1    Dim temp = ""
2    Dim objRet = ""
3    Dim objDatatable = ""
4    Dim arrayRet = ""
5    Dim sRet = ""
6    Dim objExcelWorkBook = ""
7
8    objExcelWorkBook = Excel.OpenExcel(@res"准备文件\\记账凭证.xls",True,"Excel","","")
9    日期1 = Excel.ReadCell(objExcelWorkBook,"通用记账凭证","C5")
10   日期1 = Left(日期1,9)
11   商品名称1 = Excel.ReadCell(objExcelWorkBook,"通用记账凭证","E5")
12   金额1 = Excel.ReadRow(objExcelWorkBook,"通用记账凭证","H5")
13   金额1 = Join(金额1,"")
14   Excel.CloseExcel(objExcelWorkBook,True)
15   objExcelWorkBook = Excel.OpenExcel(@res"准备文件\\核对表.xlsx",True,"Excel","","")
16   Excel.WriteCell(objExcelWorkBook,"Sheet1","B3",日期1,False)
17   Excel.WriteCell(objExcelWorkBook,"Sheet1","C3",商品名称1,False)
18   Excel.WriteCell(objExcelWorkBook,"Sheet1","E3",金额1,False)
19   Excel.Save(objExcelWorkBook)
20   Excel.CloseExcel(objExcelWorkBook,True)
```

图 3-47   "提取记账凭证信息"流程块程序的源代码界面

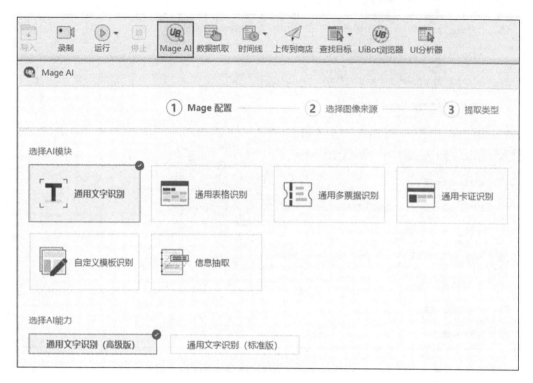

图 3-48 选择 Mage AI 通用文字识别

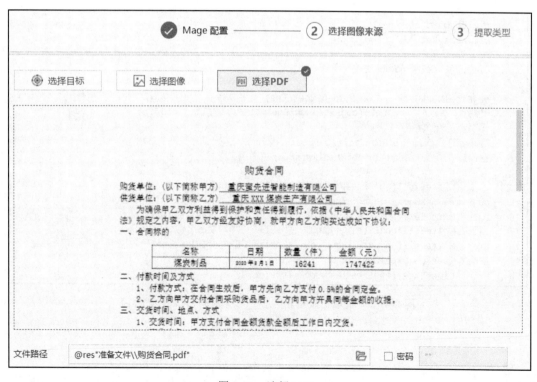

图 3-49 选择 PDF

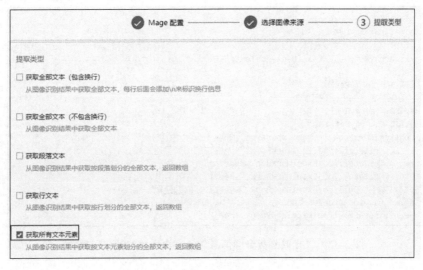

图 3-50　勾选提取类型

步骤十四：添加 4 条【变量赋值】，令变量"日期 2"的值为"arrayRet[11]"，变量"商品名称 2"的值为"arrayRet[10]"，变量"数量 2"的值为"arrayRet[12]"，变量"金额 2"的值为"arrayRet[13]"。

步骤十五：添加【打开 Excel 工作簿】，将属性栏中的文件路径改为"@res"准备文件\\核对表.xlsx""。

步骤十六：添加 4 条【写入单元格】，将变量"日期 2"写入单元格""B4""，将变量"商品名称 2"写入单元格""C4""，将变量"数量 2"写入单元格""D4""，将变量"金额 2"写入单元格""E4""。

步骤十七：添加【保存 Excel 工作簿】，保存执行中的工作簿。

步骤十八：添加【关闭 Excel 工作簿】，将执行中的工作簿关闭。

完成上述步骤后，"提取购货合同信息"流程块程序的可视化界面和源代码界面如图 3-51、图 3-52 所示。

图 3-51　"提取购货合同信息"流程块程序的可视化界面

```
1    Dim temp = ""
2    Dim objExcelWorkBook = ""
3    Dim jsonRet = ""
4    With Mage.PDFOCRText({"Pubkey":"RFb6UAoZY8Yz6bPXXkchiTUo","Secret":"xA6TEML8TguoGq5l
5        arrayRet = .ExtractSentenceText()
6    End With
7    日期2 = arrayRet[11]
8    商品名称2 = arrayRet[10]
9    数量2 = arrayRet[12]
10   金额2 = arrayRet[13]
11   objExcelWorkBook = Excel.OpenExcel(@res"准备文件\\核对表.xlsx",True,"Excel","","")
12   Excel.WriteCell(objExcelWorkBook,"Sheet1","B4",日期2,False)
13   Excel.WriteCell(objExcelWorkBook,"Sheet1","C4",商品名称2,False)
14   Excel.WriteCell(objExcelWorkBook,"Sheet1","D4",数量2,False)
15   Excel.WriteCell(objExcelWorkBook,"Sheet1","E4",金额2,False)
16   Excel.Save(objExcelWorkBook)
17   Excel.CloseExcel(objExcelWorkBook,True)
```

图 3-52 "提取购货合同信息"流程块程序的源代码界面

3. 提取发票信息

步骤十九：打开"提取发票信息"流程块编辑界面，单击软件上方的"Mage AI"，①Mage 配置，选择 AI 模块中的"通用多票据识别"，如图 3-53 所示；②选择图像来源，单击"选择图像"，上传增值税发票.jpg 文件，如图 3-54 所示；③提取类型和字段，提取类型选择"增值税专用发票"，提取字段勾选"发票号码""开票日期""金额明细""数量明细""货物或服务名称"，如图 3-55 所示。

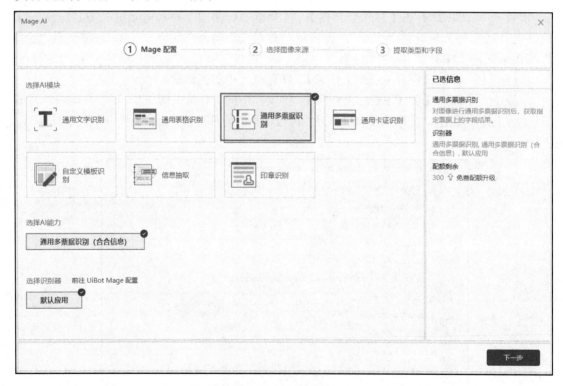

图 3-53 Mage 配置

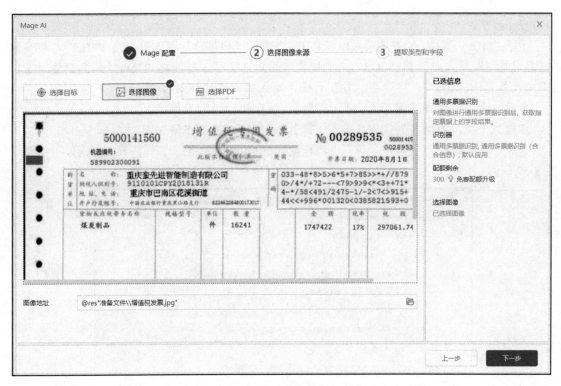

图 3-54　选择图像来源

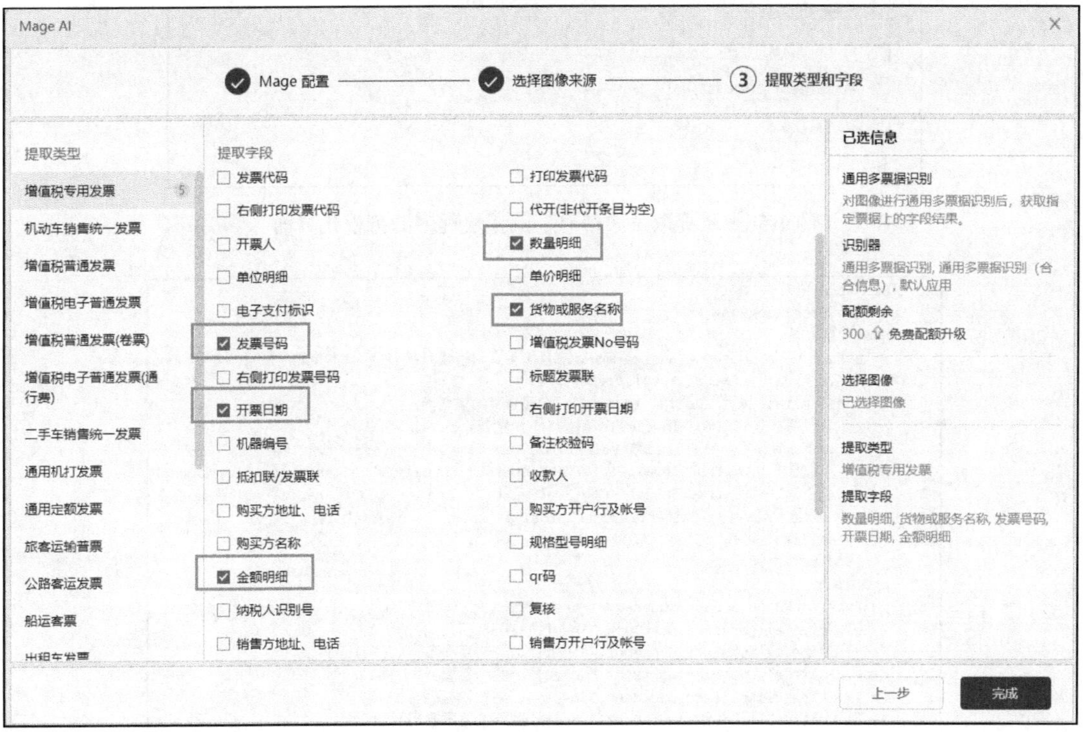

图 3-55　提取类型和字段

步骤二十：添加【打开 Excel 工作簿】，将属性栏中的文件路径改为"@res"准备文件\\

核对表.xlsx""。

步骤二十一：添加 5 条【写入单元格】，将变量"日期 3"写入单元格""B5""，将变量"商品名称 3"写入单元格""C5""，将变量"数量 3"写入单元格""D5""，将变量"金额3"写入单元格""E5""，将变量"发票号码"写入单元格""F5""。

步骤二十二：添加【保存 Excel 工作簿】，保存执行中的工作簿。

步骤二十三：添加【关闭 Excel 工作簿】，将执行中的工作簿关闭。

完成上述步骤后，"提取发票信息"流程块程序的可视化界面和源代码界面分别如图 3-56、图 3-57 所示。

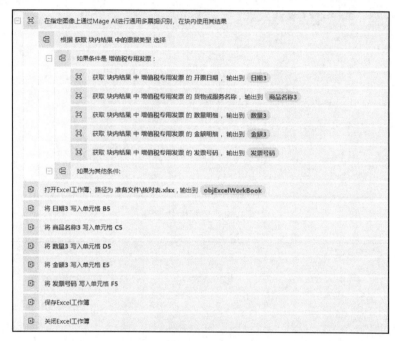

图 3-56 "提取发票信息"流程块程序的可视化界面

```
1   Dim arrayRet = ""
2   Dim objExcelWorkBook = ""
3   Dim 发票号码 = ""
4   With Each Mage.ImageOCRInvoice(@res"准备文件\\增值税发票.jpg",{"Pubkey":"jLMAERTsPxNm
5       Select Case .ExtractInvoiceType()
6       Case Alias("vat_special_invoice","增值税专用发票")
7           日期3 = .ExtractInvoiceInfo("vat_special_invoice","vat_invoice_issue_date")
8           商品名称3 = .ExtractInvoiceInfo("vat_special_invoice","vat_invoice_goods_li
9           数量3 = .ExtractInvoiceInfo("vat_special_invoice","vat_invoice_electrans_qua
10          金额3 = .ExtractInvoiceInfo("vat_special_invoice","vat_invoice_price_list")
11          发票号码 = .ExtractInvoiceInfo("vat_special_invoice","vat_invoice_haoma")
12      Case Else
13      End Select
14  End With
15  objExcelWorkBook = Excel.OpenExcel(@res"准备文件\\核对表.xlsx",True,"Excel","","")
16  Excel.WriteCell(objExcelWorkBook,"Sheet1","B5",日期3,False)
17  Excel.WriteCell(objExcelWorkBook,"Sheet1","C5",商品名称3 ,False)
18  Excel.WriteCell(objExcelWorkBook,"Sheet1","D5",数量3,False)
19  Excel.WriteCell(objExcelWorkBook,"Sheet1","E5", 金额3,False)
20  Excel.WriteCell(objExcelWorkBook,"Sheet1","F5",发票号码,False)
21  Excel.Save(objExcelWorkBook)
22  Excel.CloseExcel(objExcelWorkBook,True)
```

图 3-57 "提取发票信息"流程块程序的源代码界面

4. 得出审计结论

步骤二十四：打开"得出审计结论"流程块编辑界面。添加【如果条件成立】，在判断表达式中填写"日期1=日期2 And 日期2=日期3 And 日期1=日期3 And 商品名称1=商品名称2 And 商品名称2=商品名称3 And 商品名称1=商品名称3 And 金额1=金额2 And 金额2=金额3 And 金额1=金额3 And 数量2=数量3"。

步骤二十五：继续在其下方添加【打开 Excel 工作簿】，文件路径为"@res"准备文件\\核对表.xlsx""；添加【写入单元格】，单元格为""B6:F6""，数据为""经核对，该笔采购业务记录属实""。

步骤二十五：添加【否则执行后续操作】，在其下方添加【打开 Excel 工作簿】，文件路径为"@res"准备文件\\核对表.xlsx""，添加【写入单元格】，单元格为""B6:F6""，数据为""经核对，该笔采购业务记录有误，需进一步审查""。

完成上述步骤后，"得出审计结论"流程块程序的可视化界面和源代码界面分别如图 3-58、图 3-59 所示。

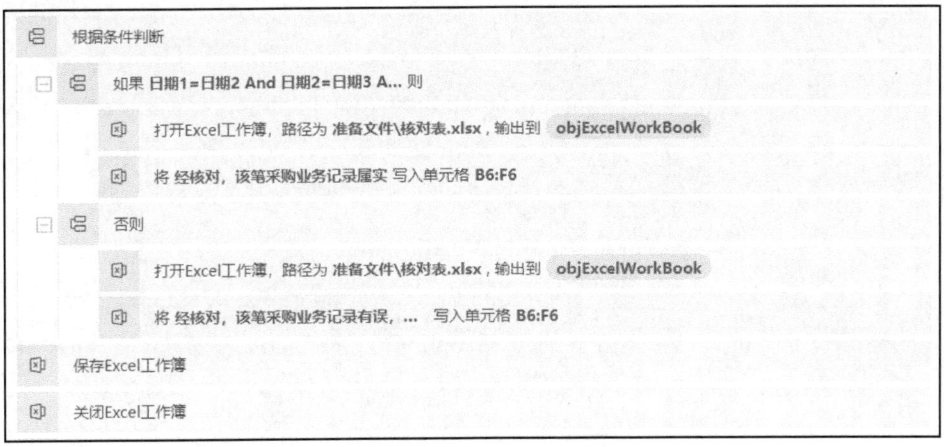

图 3-58　"得出审计结论"流程块程序的可视化界面

```
1    Dim sRet = ""
2    Dim bRet = ""
3    Dim objExcelWorkBook = ""
4
5    If 日期1=日期2 And 日期2=日期3 And 日期1=日期3 And 商品名称1=商品名称2 And 商品名称2=商
6
7        objExcelWorkBook = Excel.OpenExcel(@res"准备文件\\核对表.xlsx",True,"Excel","","
8        Excel.WriteCell(objExcelWorkBook,"Sheet1","B6:F6","经核对，该笔采购业务记录属实",
9    Else
10
11       objExcelWorkBook = Excel.OpenExcel(@res"准备文件\\核对表.xlsx",True,"Excel","","
12       Excel.WriteCell(objExcelWorkBook,"Sheet1","B6:F6","经核对，该笔采购业务记录有误，
13   End If
14   Excel.Save(objExcelWorkBook)
15   Excel.CloseExcel(objExcelWorkBook,True)
16   bRet = StrComp("","",False)
```

图 3-59　"得出审计结论"流程块程序的源代码界面

单击 UiBot Creator 主界面上方快捷栏上的"运行"，经过自动化运算后的 Excel 核对表如图 3- 60 所示。

核对表					
	日期	商品名称	数量	金额	发票号码
记账凭证	2020年8月1日	煤炭制品	/	1747422	
购货合同	2020年8月1日	煤炭制品	16241	1747422	/
增值税发票	2020年8月1日	煤炭制品	16241	1747422	289535
审计说明：	经核对，该笔采购业务记录属实				

图 3-60　自动化运算后的 Excel 核对表

第二部分

专题实训篇

本部分的专题实训是将所学习的审计机器人理论知识，付诸实践进行具体的应用，共包含三个章节，分别是凭证抽样机器人、固定资产审计实质性程序机器人和合并报表审计机器人。每个章节会根据具体的审计工作开展情况，明确实训目的、实训要求以及实训内容，其中实训内容从审计机器人的分析、设计出发，一直到审计机器人的开发进行详细讲解，期望通过学习能够深度理解审计机器人的设计思路与具体开发应用。

第 4 章 凭证抽样机器人

4.1 实训目的

本实训模拟了会计师事务所凭证抽样审计工作中的应用场景，通过让学生沉浸式体验案例场景，能够理解和分析凭证抽样审计机器人的开发需求与功能设计。其主要目的包括：

（1）了解凭证抽样审计工作的业务流程；

（2）掌握凭证抽样审计工作业务流程的痛点分析方法；

（3）掌握凭证抽样审计机器人流程的设计方法；

（4）掌握凭证抽样审计机器人开发的技术思路；

（5）学会分析凭证抽样审计机器人运用的价值与风险、部署与运行。

4.2 实训要求

本实训的基本要求就是熟悉凭证抽样审计工作业务流程以及凭证抽样审计机器人的模拟开发，具体要求如下：

（1）阅读给定会计师事务所和被审计单位的背景资料，了解其组织架构和项目情况，了解现有流程；

（2）分析凭证抽样审计工作现有业务流程及其痛点；

（3）根据业务流程及其痛点设计凭证抽样审计工作机器人流程；

（4）根据机器人流程进行凭证抽样审计工作机器人开发；

（5）在机器人开发过程中规范并确定数据标准；

（6）在机器人开发完成后对机器人进行部署；

（7）分析设计凭证抽样审计工作机器人的价值与风险。

4.3 实训内容

4.3.1 机器人分析

地铁门一打开，毛俊力一口气还没叹完就被人群裹挟着匆匆走出车厢。他一路忧心忡忡地想着心事，低头疾步走向任职的事务所。门口的保安大叔见他问道："小毛，今天怎么了？看着有心事啊！""唉，哪有什么心事，'审计人审计魂'，满脑子都是审计任务工作啦！叔叔您先忙，我上楼啦。"说完毛俊力走上楼到办公室坐下，简单地收拾好桌面就对着凭证资料陷入了沉思。"审计抽样是审计工作中的重要组成步骤，这一步的完成质量直接影响着最终的审计结果啊！光发愁没用，今天一定要把结果和报告做完，然后快点发到项目经理邮箱！"毛俊力停下思绪，打开凭证库文件，开始实施审计抽样程序……首先，需要获取被审计单位 2021 年全部的序时账文件，将该公司 2021 年的凭证文件做分类汇总，整合生成凭证汇总表文件。其次，需要通过职业判断和分析来定义指定项目的重要性。一般是每月一次以上到每周一次的业务，要满足至少抽样数量为 5 笔的条件；而每周一次以上到每天一次的业务，要满足至少抽样数量为 15 笔的条件。最后，根据重要性选择对业务合适的总体金额合计数的比率，再根据单元抽样法将样本打乱做非统计抽样，对抽取出的样本计算其总体金额合计数，判断样本的金额合计数是否达到选定的比率。如果达到，则将抽样结果和报告发送给项目经理；如果未达到，则重新抽取样本。凭证抽样业务流程如图 4-1 所示。

4.3.2 机器人设计

时光交替，日月如梭，当年的毛俊力还是一名审计助理，如今已经成为正式的审计师，拥有丰富的审计项目经验，对于审计质量的把控和各个环节的衔接，尤其是最为关键的抽样审计颇有心得。最近，事务所跟随时代动向，结合事务所的情况构建出第一个 RPA 审计机器人小蛮。听说该机器人是 7×24 小时全自动运行，既能保证审计的客观性又可以高强度自动抽取和测算数据，简直是她之前做审计助理时最期待发生的事情了。随着审计 RPA 机器人小蛮的上线，现在的审计助理小袁激动地说道："这个小蛮太神奇了！它先从被审计单位的数据库中自动提取出 2021 年的数据，生成凭证汇总文件，然后自动读取数据，进行数据筛选和初步数据处理，并对处理后的样本数据根据非统计抽样原则进行客观非统计抽样，包括简单随机抽样、等距抽样和分层抽样，同时将抽样数据填入抽样样本文件，小蛮会自动计算出抽取的全部样本的金额平均数并判断样本的金额平均数是否审核通过之后自动生成审计抽样结果表格。最后小蛮自动生成机器人运行日志。整个过程又快又客观准确！真是太好了！"。

凭证抽样自动化流程如图 4-2 所示。

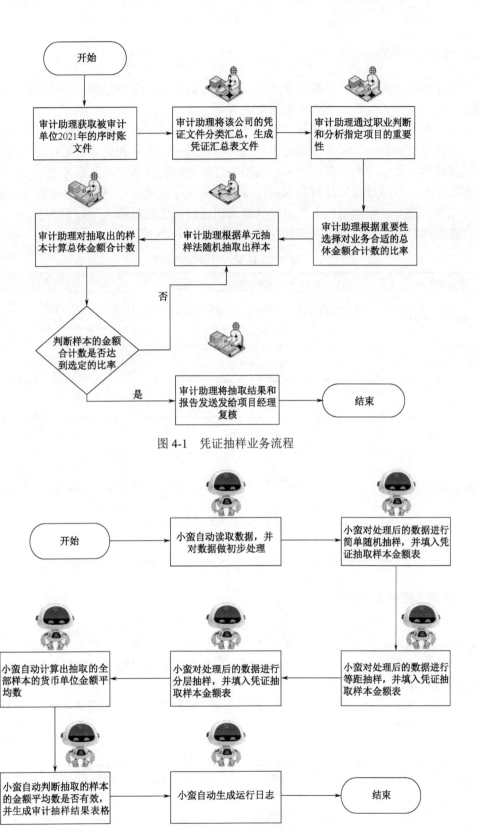

图 4-1　凭证抽样业务流程

图 4-2　凭证抽样自动化流程

4.3.3 机器人开发

凭证抽样机器人开发包括获取凭证库文件、随机抽样、等距抽样、分层抽样、审核抽样有效性和生成机器人运行日志六个模块。

首先，利用打开 Excel 工作簿、读取区域等活动实现审计数据的采集；其次，利用条件循环、在数组尾部添加元素等活动随机抽取样本；然后，用从初始值开始按步长计数等活动等距抽取样本；接着，利用条件循环、初始值开始按步长计数、在数组尾部添加元素等活动分层抽取样本，并通过写入行将抽取的样本写入表格，生成抽样凭证文件汇总表，同时审核抽样有效性；最后，根据机器人的运行状态和运行时间生成机器人运行日志。

凭证抽样机器人开发的技术路线如表 4-1 所示。

表 4-1 机器人开发技术路线

模块	功能描述	使用的活动
获取凭证库文件	打开从本地获取的"重庆蛮先进智能制造有限公司凭证库"文件，读取文件中的数据	打开 Excel 工作簿
		读取区域
		关闭 Excel 工作簿
随机抽样	随机抽取样本	依次读取数组中每个元素
		在数组尾部添加元素
等距抽样	等距抽取样本	从初始值开始按步长计数
		写入行
分层抽样	分层抽取样本	变量赋值
		在数组尾部添加元素
审核抽样有效性	自动计算样本金额平均数	读取单元格
		写入单元格
		变量赋值
	判断抽取样本是否有效	写入单元格
生成机器人运行日志	记录机器人运行时间、结束时间等数据	获取时间
		格式化时间

1. 搭建流程整体框架

步骤一：打开 UiBot Creator，新建流程，将其命名为"凭证抽样机器人"。

步骤二：拖入 6 个"流程块"和 1 个"结束"至流程图设计主界面，并连接起来。流程块描述修改为：获取凭证库文件、随机抽样、等距抽样、分层抽样、审核抽样有效性、生成机器人运行日志，如图 4-3 所示。

步骤三：在主界面右侧"流程图"处创建 5 个流程图变量，如图 4-4 所示，流程图变量属性如表 4-2 所示。

表 4-2 流程图变量属性设置

序号	变量名	变量值
1	objExcelWorkBook	""
2	objExcelWorkBook1	""
3	运行日志	[]
4	arrayRet	[]
5	time_start	""

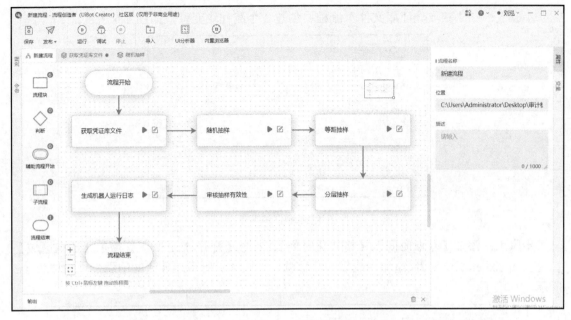

图 4-3　UiBot Creator 流程图设计主界面

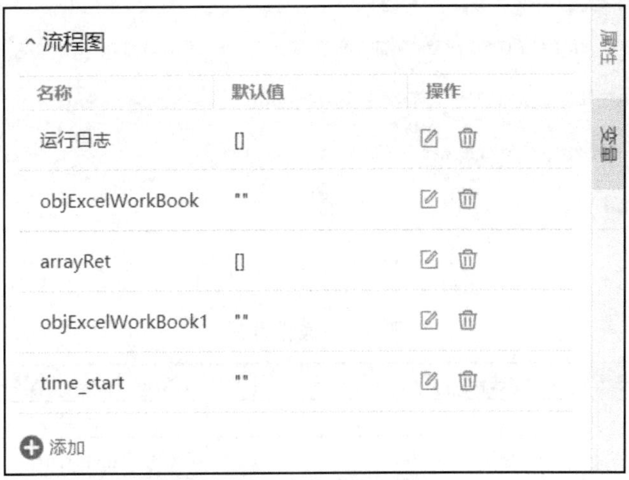

名称	默认值	操作
运行日志	[]	✎ 🗑
objExcelWorkBook	""	✎ 🗑
arrayRet	[]	✎ 🗑
objExcelWorkBook1	""	✎ 🗑
time_start	""	✎ 🗑

图 4-4　流程图变量

步骤四：准备数据。首先，打开"凭证抽样机器人"流程文件夹，在"res"文件夹中放入机器人运行日志、审计抽样凭证文件结果和重庆蛮先进智能制造有限公司凭证库三个Excel 文件，如图 4-5 所示。

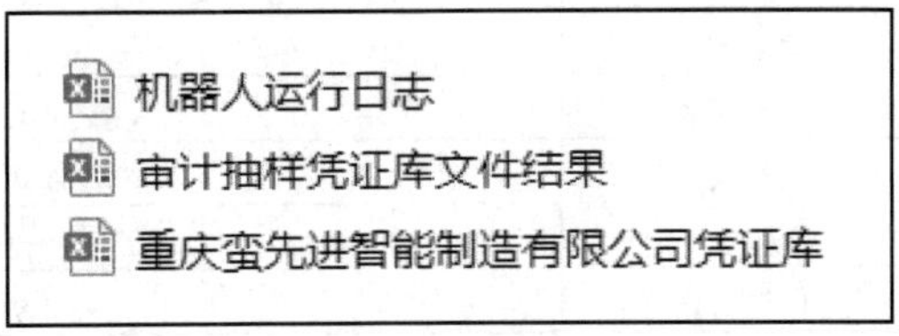

机器人运行日志
审计抽样凭证库文件结果
重庆蛮先进智能制造有限公司凭证库

图 4-5　数据准备

2. 审计数据采集

步骤五：在"获取凭证库文件"流程块创建 2 个流程块变量，如图 4-6 所示。

图 4-6　流程块变量

步骤六：添加【获取时间】、【格式化时间】、2 个【打开 Excel 工作簿】、【读取区域】和【关闭 Excel 工作簿】，添加完成后的流程顺序如图 4-7 所示。各活动的属性填写如表 4-3 所示。

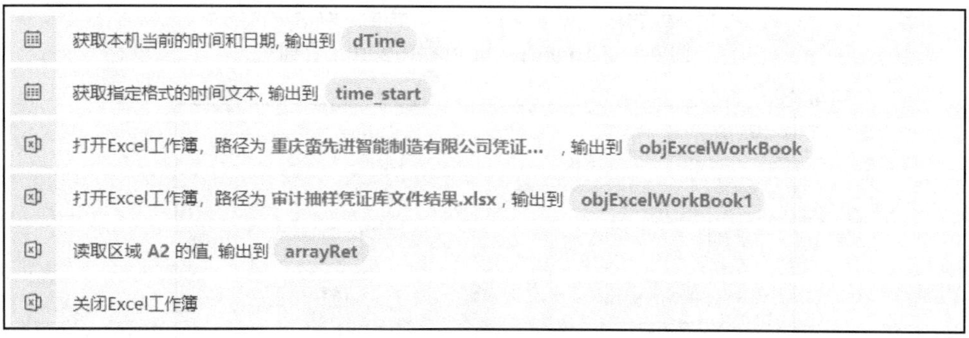

	获取本机当前的时间和日期，输出到　dTime
	获取指定格式的时间文本，输出到　time_start
	打开Excel工作簿，路径为 重庆蛮先进智能制造有限公司凭证... ，输出到　objExcelWorkBook
	打开Excel工作簿，路径为 审计抽样凭证库文件结果.xlsx，输出到　objExcelWorkBook1
	读取区域 A2 的值，输出到　arrayRet
	关闭Excel工作簿

图 4-7　流程界面

表 4-3　属性设置

活动名称	属性	值
获取时间	输出到	dTime
格式化时间	输出到	time_start
	时间	dTime
	格式	"yyyy-mm-dd hh:mm:ss"
打开 Excel 工作簿	输出到	objExcelWorkBook
	文件路径	@res"重庆蛮先进智能制造有限公司凭证库.xlsx"
打开 Excel 工作簿	输出到	objExcelWorkBook1
	文件路径	@res"审计抽样凭证库文件结果.xlsx"
读取区域	输出到	arrayRet
	工作簿对象	objExcelWorkBook
	工作表	"WPB 凭证库"
	区域	"A2"
关闭 Excel 工作簿	工作簿对象	objExcelWorkBook

步骤七：添加【获取时间】、【格式化时间】和 2 个【在数组尾部添加元素】，添加完成后的流程顺序如图 4-8 所示。各活动的属性填写如表 4-4 所示。

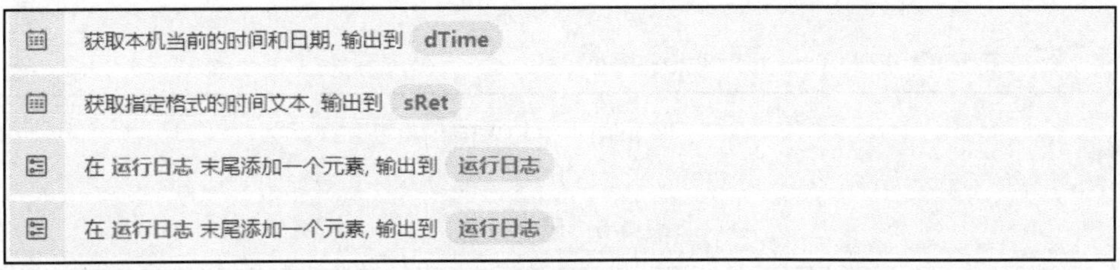

图 4-8　流程界面

表 4-4　属性设置

活动名称	属性	值
获取时间	输出到	dTime
格式化时间	输出到	sRet
	时间	dTime
	格式	"yyyy-mm-dd hh:mm:ss"
在数组尾部添加元素	输出到	运行日志
	目标数组	运行日志
	添加元素	sRet
在数组尾部添加元素	输出到	运行日志
	目标数组	运行日志
	添加元素	"完成"

3. 随机抽样

步骤八：在"随机抽样"流程块创建 5 个流程块变量，如图 4-9 所示。

图 4-9　流程块变量

步骤九：添加【获取数组最大下标】、【从初始值开始按步长计数】和【在数组尾部添加元素】，添加完成后流程顺序如图 4-10 所示。各活动的属性填写如表 4-5 所示。这一步的目的是获取随机数组。

图 4-10   流程界面

表 4-5   属性设置

活动名称	属性	值
获取数组最大下标	输出到	arrayRet
	目标数组	最大下标
从初始值开始按步长计数	索引名称	i
	初始值	1
	结束值	5
	步进	1
在数组尾部添加元素	输出到	随机数
	目标数组	随机数
	添加元素	RndNum(0, 最大下标-1)

步骤十：单击右上角"可视化"图标，如图 4-11 所示，转换为"源代码"视角，如图 4-12 所示，在所有代码的下方填入代码，如图 4-13 所示。这一步的目的是获取随机整数。

图 4-11   可视化视角

图 4-12   源代码视角

```
Function RndNum(最小值, 最大值)
    Return CInt((最大值 - 最小值 + 1 ) * Rnd() + 最小值)
End Function
```

图 4-13   源代码

步骤十一：添加【依次读取数组中每个元素】、【在数组尾部添加元素】和【写入行】，添加完成后的流程顺序如图 4-14 所示。各活动的属性填写如表 4-6 所示。这一步的目的是随机抽取样本并填入相关表格中。

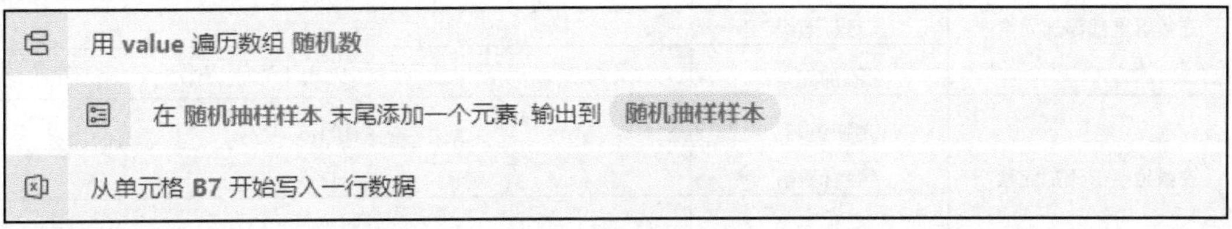

```
用 value 遍历数组 随机数

    在 随机抽样样本 末尾添加一个元素, 输出到  随机抽样样本

从单元格 B7 开始写入一行数据
```

图 4-14　流程界面

表 4-6　属性设置

活动名称	属性	值
依次读取数组中每个元素	值	value
	数组	随机数
在数组尾部添加元素	输出到	随机抽样样本
	目标数组	随机抽样样本
	添加元素	arrayRet[value][8]
写入行	工作簿对象	objExcelWorkBook1
	工作表	"Sheet1"
	单元格	"B7"
	数据	随机抽样样本

步骤十二：记录机器人运行日志。添加【获取时间】、【格式化时间】和 2 个【在数组尾部添加元素】，添加完成后的流程顺序如图 4-15 所示。各活动的属性填写如表 4-7 所示。

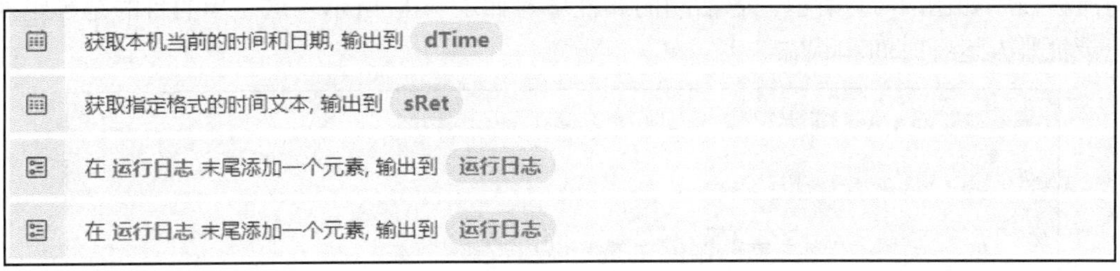

```
获取本机当前的时间和日期, 输出到  dTime

获取指定格式的时间文本, 输出到  sRet

在 运行日志 末尾添加一个元素, 输出到  运行日志

在 运行日志 末尾添加一个元素, 输出到  运行日志
```

图 4-15　流程界面

表 4-7　属性设置

活动名称	属性	值
获取时间	输出到	dTime
格式化时间	输出到	sRet
	时间	dTime
	格式	"yyyy-mm-dd hh:mm:ss"

续表

活动名称	属性	值
在数组尾部添加元素	输出到	运行日志
	目标数组	运行日志
	添加元素	sRet
在数组尾部添加元素	输出到	运行日志
	目标数组	运行日志
	添加元素	"完成"

4. 等距抽样

步骤十三：进入“等距抽样”流程块，创建 4 个流程块变量，如图 4-16 所示。

当前流程块
名称
默认值
操作
最大下标
等距抽样样本
[]
dTime
sRet
添加

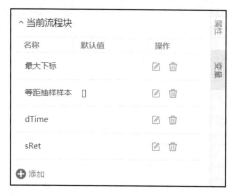

图 4-16　流程块变量

步骤十四：添加【获取数组最大下标】、【从初始值开始按步长计数】、【在数组尾部添加元素】、【写入行】、【获取时间】、【格式化时间】和 2 个【在数组尾部添加元素】，添加完成后的流程顺序如图 4-17 所示。各活动的属性填写如表 4-8 所示。这一步的目的是等距抽样并记录机器人运行时间和状态。

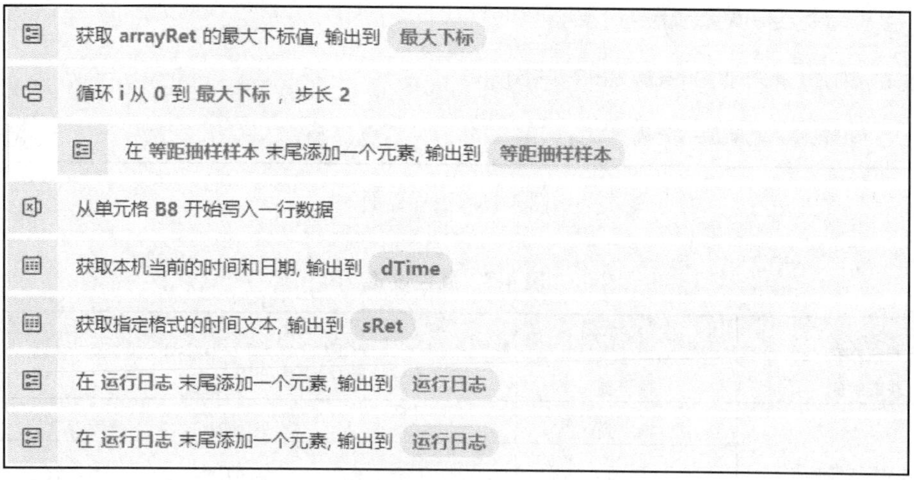

获取 arrayRet 的最大下标值，输出到 最大下标
循环 i 从 0 到 最大下标 ，步长 2
在 等距抽样样本 末尾添加一个元素，输出到 等距抽样样本
从单元格 B8 开始写入一行数据
获取本机当前的时间和日期，输出到 dTime
获取指定格式的时间文本，输出到 sRet
在 运行日志 末尾添加一个元素，输出到 运行日志
在 运行日志 末尾添加一个元素，输出到 运行日志

图 4-17　流程界面

表 4-8　属性设置

活动名称	属性	值
获取数组最大下标	输出到	arrayRet
	目标数组	最大下标
从初始值开始按步长计数	索引名称	i
	初始值	0
	结束值	最大下标
	步进	2
在数组尾部添加元素	输出到	等距抽样样本
	目标数组	等距抽样样本
	添加元素	arrayRet[i][8]
写入行	工作簿对象	objExcelWorkBook1
	工作表	"Sheet1"
	单元格	"B8"
	数据	等距抽样样本
获取时间	输出到	dTime
格式化时间	输出到	sRet
	时间	dTime
	格式	"yyyy-mm-dd hh:mm:ss"
在数组尾部添加元素	输出到	运行日志
	目标数组	运行日志
	添加元素	sRet
在数组尾部添加元素	输出到	运行日志
	目标数组	运行日志
	添加元素	"完成"

5. 分层抽样

步骤十五：进入"分层抽样"流程块，创建 6 个流程块变量，如图 4-18 所示。

图 4-18　流程块变量

步骤十六：添加【变量赋值】、2 个【依次读取数组中每个元素】、【转为小数数据】、【如果条件成立】和【在数组尾部添加元素】，添加完成后的流程顺序如图 4-19 所示。各活动的属性填写如表 4-9 所示。

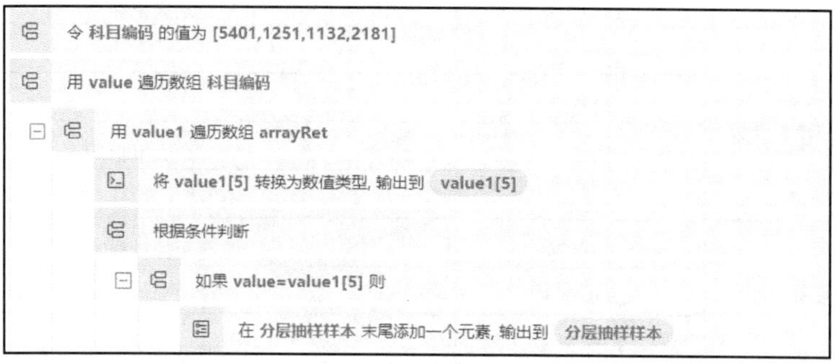

图 4-19　流程界面

表 4-9　属性设置

活动名称	属性	值
变量赋值	变量名	科目编码
	变量值	[5401,1251,1132,2181]
依次读取数组中每个元素	值	value
	数组	科目编码
依次读取数组中每个元素	值	value1
	数组	arrayRet
转为小数数据	输出到	value1[5]
	转换对象	value1[5]
如果条件成立	判断表达式	value=value1[5]
在数组尾部添加元素	输出到	分层抽样样本
	目标数组	分层抽样样本
	添加元素	value1[8]

步骤十七：同步骤十一样转换为源代码视角，填入代码，如图 4-20 所示。这一步的目的是获取随机整数。

```
随机数1 = RndNum(0, 4)
Function RndNum(最小值, 最大值)
  Return CInt((最大值 - 最小值 + 1 ) * Rnd() + 最小值)
End Function
```

图 4-20　源代码

步骤十八：添加【依次读取数组中每个元素】、【转为小数数据】、【如果条件成立】、2 个【在数组尾部添加元素】、【写入行】、【获取时间】、【格式化时间】和 2 个【在数组尾部添加元素】，添加完成后的流程顺序如图 4-21 所示。各活动的属性填写如表 4-10 所示。

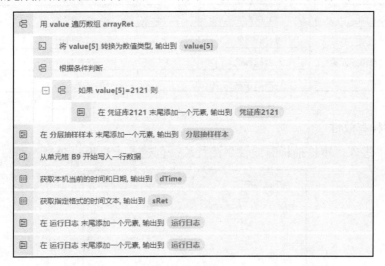

图 4-21　流程界面

表 4-10　属性设置

活动名称	属性	值
依次读取数组中每个元素	值	value
	数组	arrayRet
转为小数数据	输出到	value[5]
	转换对象	value[5]
如果条件成立	判断表达式	value[5]=2121
在数组尾部添加元素	输出到	凭证库 2121
	目标数组	凭证库 2121
	添加元素	value
在数组尾部添加元素	输出到	分层抽样样本
	目标数组	分层抽样样本
	添加元素	凭证库 2121[随机数 1][8]
写入行	工作簿对象	objExcelWorkBook1
	工作表	"Sheet1"
	单元格	"B9"
	数据	分层抽样样本
获取时间	输出到	dTime
格式化时间	输出到	sRet
	时间	dTime
	格式	"yyyy-mm-dd hh:mm:ss"
在数组尾部添加元素	输出到	运行日志
	目标数组	运行日志
	添加元素	sRet

活动名称	属性	值
在数组尾部添加元素	输出到	运行日志
	目标数组	运行日志
	添加元素	"完成"

6. 审核抽样有效性

步骤十九：进入"审核抽样有效性"流程块，创建 5 个流程块变量，如图 4-22 所示。

图 4-22　流程块变量

步骤二十：添加 3 个【读取单元格】、3 个【如果条件成立】和 6 个【写入单元格】，添加完成后的流程顺序如图 4-23 所示。各活动的属性填写如表 4-11 所示。

图 4-23　流程界面

表 4-11 属性设置

活动名称	属性	值
读取单元格	输出到	objRet_sj
	工作簿对象	objExcelWorkBook1
	工作表	"Sheet1"
	单元格	"G7"
读取单元格	输出到	objRet_dj
	工作簿对象	objExcelWorkBook1
	工作表	"Sheet1"
	单元格	"G8"
读取单元格	输出到	objRet_fc
	工作簿对象	objExcelWorkBook1
	工作表	"Sheet1"
	单元格	"G9"
如果条件成立	判断表达式	objRet_sj>0.08*309744
写入单元格	工作簿对象	objExcelWorkBook1
	工作表	"Sheet1"
	单元格	"H7"
	数据	"抽样结果通过审核抽样有效性分析"
写入单元格	工作簿对象	objExcelWorkBook1
	工作表	"Sheet1"
	单元格	"H7"
	数据	"抽样结果未通过审核抽样有效性分析"
如果条件成立	判断表达式	objRet_dj>0.08*309744
写入单元格	工作簿对象	objExcelWorkBook1
	工作表	"Sheet1"
	单元格	"H8"
	数据	"抽样结果通过审核抽样有效性分析"
写入单元格	工作簿对象	objExcelWorkBook1
	工作表	"Sheet1"
	单元格	"H8"
	数据	"抽样结果未通过审核抽样有效性分析"
如果条件成立	判断表达式	objRet_fc>0.08*309744
写入单元格	工作簿对象	objExcelWorkBook1
	工作表	"Sheet1"
	单元格	"H9"
	数据	"抽样结果通过审核抽样有效性分析"

活动名称	属性	值
写入单元格	工作簿对象	objExcelWorkBook1
	工作表	"Sheet1"
	单元格	"H9"
	数据	"抽样结果未通过审核抽样有效性分析"

步骤二十一：添加【获取时间】、【格式化时间】和 2 个【在数组尾部添加元素】，添加完成后的流程顺序如图 4-24 所示。各活动的属性填写如表 4-12 所示。

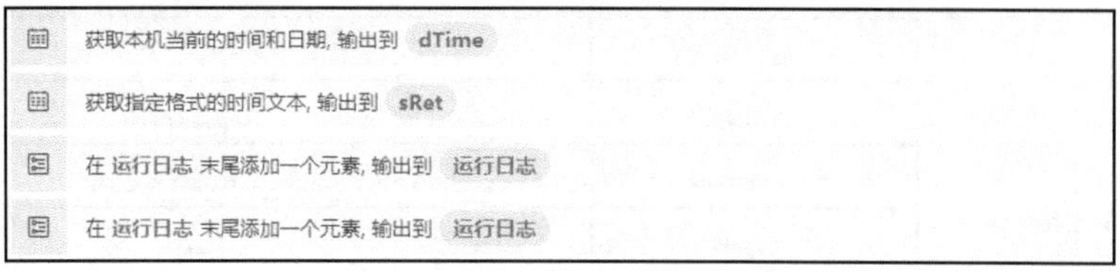

图 4-24 流程界面

表 4-12 属性设置

活动名称	属性	值
获取时间	输出到	dTime
格式化时间	输出到	sRet
	时间	dTime
	格式	"yyyy-mm-dd hh:mm:ss"
在数组尾部添加元素	输出到	运行日志
	目标数组	运行日志
	添加元素	sRet
在数组尾部添加元素	输出到	运行日志
	目标数组	运行日志
	添加元素	"完成"

7. 生成机器人运行日志

步骤二十二：进入"生成机器人运行日志"流程块，创建"objExcelWorkBook2"流程块变量，如图 4-25 所示。

图 4-25 流程块变量

步骤二十三：添加【打开 Excel 工作簿】、【写入单元格】和【写入行】，添加完成后的流程顺序如图 4-26 所示。各活动的属性填写如表 4-13 所示。

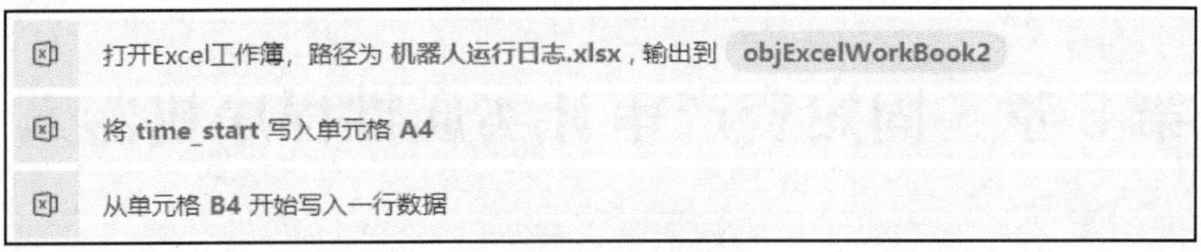

图 4-26　流程界面

表 4-13　属性设置

活动名称	属性	值
打开 Excel 工作簿	输出到	objExcelWorkBook2
	文件路径	@res"机器人运行日志.xlsx"
写入单元格	工作簿对象	objExcelWorkBook2
	工作表	"Sheet1"
	单元格	"A4"
	数据	time_start
写入行	工作簿对象	objExcelWorkBook2
	工作表	"Sheet1"
	单元格	"B4"
	数据	运行日志

凭证抽样机器人的运行结果如下：

（1）凭证抽取样本金额表。

机器人自动读取数值并判断是否审核通过，然后写入凭证抽取样本金额表，结果如图 4-27 所示。

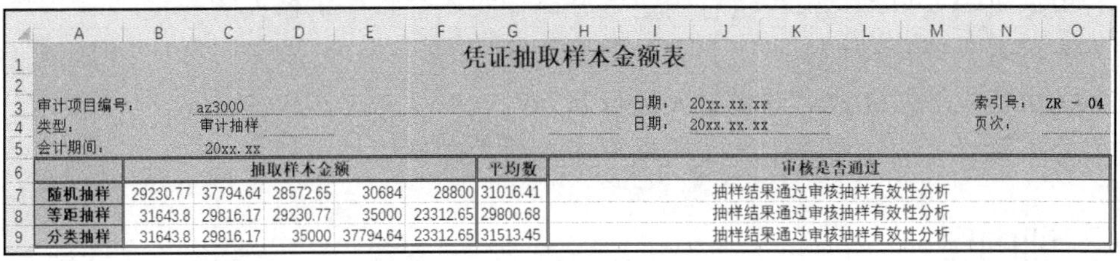

凭证抽取样本金额表

审计项目编号：	az3000				日期：	20xx. xx. xx	索引号： ZR - 04
类型：	审计抽样				日期：	20xx. xx. xx	页次：
会计期间：	20xx. xx						
	抽取样本金额					平均数	审核是否通过
随机抽样	29230.77	37794.64	28572.65	30684	28800	31016.41	抽样结果通过审核抽样有效性分析
等距抽样	31643.8	29816.17	29230.77	35000	23312.65	29800.68	抽样结果通过审核抽样有效性分析
分类抽样	31643.8	29816.17	35000	37794.64	23312.65	31513.45	抽样结果通过审核抽样有效性分析

图 4-27　凭证抽取样本金额表

（2）机器人运行日志。

机器人记录每个模块的运行时间及运行状态，生成运行日志，结果如图 4-28 所示。

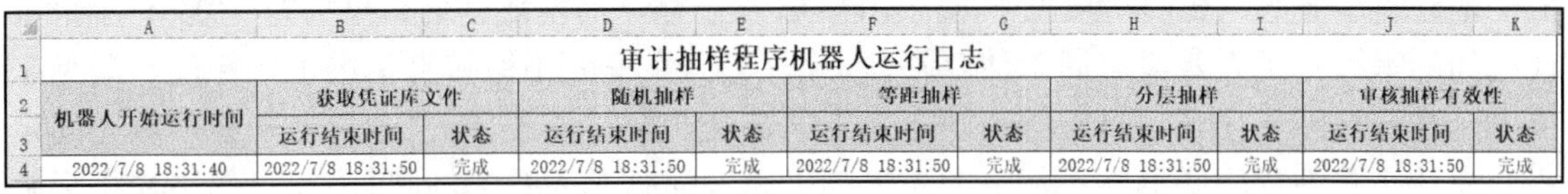

审计抽样程序机器人运行日志

机器人开始运行时间	获取凭证库文件		随机抽样		等距抽样		分层抽样		审核抽样有效性	
	运行结束时间	状态	运行结束时间	状态	运行结束时间	状态	运行结束时间	状态	运行结束时间	状态
2022/7/8 18:31:40	2022/7/8 18:31:50	完成	2022/7/8 18:31:50	完成	2022/7/8 18:31:50	完成	2022/7/8 18:31:50	完成	2022/7/8 18:31:50	完成

图 4-28　机器人运行日志

第5章　固定资产审计实质性程序机器人

5.1　实训目的

本实训模拟了会计师事务所固定资产审计工作中的应用场景，通过让学生沉浸式体验案例场景，使他们能够理解和分析固定资产审计实质性程序机器人的开发需求与功能设计。其主要目的包括：

（1）了解固定资产审计实质性程序的业务流程；

（2）掌握固定资产审计实质性程序业务流程的痛点及分析方法；

（3）掌握固定资产审计实质性程序机器人流程的设计方法；

（4）掌握固定资产审计实质性程序机器人开发的技术思路；

（5）学会分析固定资产审计实质性程序机器人运用的价值与风险、部署与运行。

5.2　实训要求

本实训的基本要求是熟悉固定资产审计工作业务流程及固定资产审计实质性程序机器人的模拟开发。其具体要求如下：

（1）阅读所提供的会计师事务所和被审计单位的背景资料，了解其组织架构和项目情况，了解现有流程；

（2）分析固定资产审计实质性程序现有业务流程及其痛点；

（3）根据业务流程及其痛点，设计固定资产审计实质性程序机器人流程；

（4）根据机器人自动化流程进行固定资产审计实质性程序机器人的开发；

（5）在机器人开发过程中规范并确定数据标准；

（6）在机器人开发完成后对机器人进行部署；

（7）分析并设计固定资产审计实质性程序机器人的价值与风险。

5.3　实训内容

5.3.1　机器人分析

"嘀嘀嘀"，闹钟响了三声后，徐涵璐终于从被窝里伸出手关掉了它，匆忙收拾后就急急忙忙地赶到事务所，在门口撞见了清洁工阿姨。"小徐，周六还到这么早啊？""哎！年报审计期间的审计打工人是没有周末的。阿姨，回头见。"说完小徐转身走进了审计部，只见工位上全是各种纸质凭证、报告等，她一坐下就被这些资料淹没了。"今天上午必须做完固定资产审计实质性程序底稿，不然晚上还得加班。冲啊打工人！燃烧吧打工魂！"小徐捏紧拳头，打开电脑，开始埋头苦干……小徐首先要根据固定资产明细表编制固定资产审计底稿，重新计算本期应计提的折旧额并填入底稿，然后核对加计数与总账是否相符：如果相符，则将审计结论填入底稿中；如果不相符，则根据项目经理预先判断的可接受的差异额进行分析评估，并将结果填入底稿。最后小徐要将审计底稿发送给项目经理复核。

固定资产审计实质性程序业务流程如图 5-1 所示。

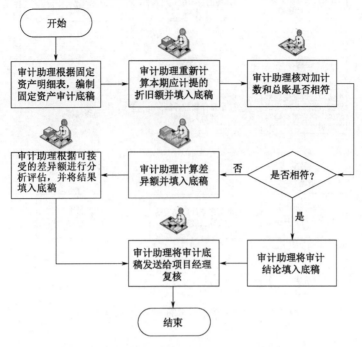

图 5-1 固定资产审计实质性程序业务流程

5.3.2 机器人设计

三年过去了，小徐利用休息时间考取了 CPA 证书，摇身一变，从一个小小的审计助理做到了项目经理。这三年里，徐经理在审计部"走南闯北"，现在对专项资金审计、经济责任审计、年报审计的流程是信手拈来。经过信息化部一个月的努力，事务所第一个 RPA 审计机器人小蛮正式上线，回想自己还是一个弱小无助的助理时，最想要的就是能有一种能够自动实现大量结构化或半结构化数据的处理的技术，所以徐经理决定率先在她的项目组试部署 RPA 审计机器人，希望能还助理们一个完整的周末。部署成功后的一天，负责固定资产审计实质性分析程序底稿的小陈激动地对徐经理说："这个小蛮太神奇了！它首先自动从固定资产明细表中提取固定资产名称、类别、原值、残值率等数据，写入固定资产审计底稿后，重新计算本期应计提的折旧额并写入底稿，然后小蛮核对固定资产净值的加计数与总账是否相符：如果相符，则将审计底稿直接发送给项目经理复核；如果不相符，则计算差异额并根据可接受的差异额进行分析后生成审计结论，将结论写入底稿后发送给项目经理复核。最后小蛮自动生成运行日志，整个过程不到 30 秒！呜呼！"。

固定资产审计实质性程序机器人流程如图 5-2 所示。

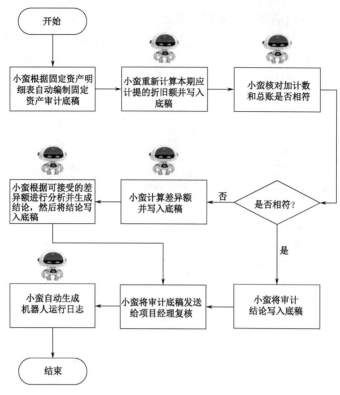

图 5-2　固定资产审计实质性程序机器人流程

5.3.3　机器人开发

固定资产审计实质性程序机器人开发包括编制固定资产明细表、生成审计底稿、发送审计底稿、生成机器人运行日志四个模块。

首先，利用打开 Excel 工作簿、读取区域等活动实现审计数据的采集与清洗；其次，通过写入区域将清洗过的数据写入表格，编制固定资产明细表；接着，利用条件循环、读取单元格、条件成立等活动生成审计底稿；随后，通过邮件将审计底稿发送给项目经理；最后，根据机器人的运行状态和运行时间生成机器人运行日志。

固定资产审计实质性程序机器人开发的技术路线如表 5-1 所示。

表 5-1　机器人开发技术路线

模块	功能描述	使用的活动
审计数据采集与清洗	打开从本地获取的"固资明细表"文件，读取文件中的数据	打开 Excel 工作簿
		读取区域
		关闭 Excel 工作簿
编制固资明细表	写入固定资产明细数据	打开 Excel 工作簿
		写入区域
	写入各分类折旧明细数据	写入区域
生成审计底稿	重新测算本期折旧	计次循环
		写入单元格
		变量赋值

模块	功能描述	使用的活动
生成审计底稿	复核加计数与总账数是否一致	打开 Excel 工作簿
		读取单元格
		写入单元格
		关闭 Excel 工作簿
	分析并写入初步审计结论	条件分支
		写入单元格
发送审计底稿	将审计底稿发送给项目经理	发送邮件
生成机器人	将工作底稿发送给审计人员	获取时间
运行日志	记录机器人运行时间、结束时间等数据	格式化时间

1. 搭建流程整体框架

步骤一：打开 UiBot Creator，新建流程，将其命名为"固定资产审计实质性程序机器人"。

步骤二：拖入 5 个"流程块"和 1 个"结束"至流程图设计主界面，并连接起来。流程块的名字分别修改为：审计数据采集与清洗、编制固资明细表、生成审计底稿、发送审计底稿、生成机器人运行日志，如图 5-3 所示。

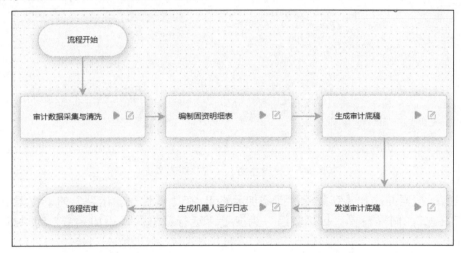

图 5-3　UiBot Creator 流程图设计主界面

步骤三：在主界面右侧"流程图"处创建 4 个流程图变量，分别命名为：固资明细、折旧复核、objExcel-WorkBook 和运行日志，并将"运行日志"的"值"更改为"[]"，如图 5-4 所示。

步骤四：准备数据。首先，打开"固定资产审计实质性程序机器人"流程文件夹，在"res"文件夹中放入"重庆蛮先进智能制造有限公司财务报表"和"机器人运行日志"两个 Excel 文件；然后，再创建一个文件夹并命名为"模板文件"，在"模板文件"中放入"固资明细表"和"Z0-10 审计底稿"两个 Excel 文件，如图 5-5 所示。

图 5-4　创建流程图变量

图 5-5　准备数据

2. 审计数据采集与清洗

步骤五：进入"审计数据采集与清洗"流程块，在"搜索命令"处搜索并添加获取时间和格式化时间，拖入可视化编辑界面，如图 5-6 所示。

图 5-6　将命令拖入可视化编辑界面

步骤六：搜索并添加【在数组尾部添加元素】，在"属性→输出到"的下拉框中选择变量"运行日志"，同样设置"目标数组"为变量"运行日志"、"添加元素"为"sRet"，如图 5-7 所示。

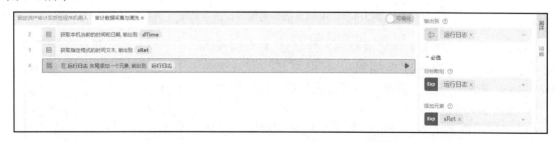

图 5-7　更改【在数组尾部添加元素】属性

步骤七：搜索并添加【打开 Excel 工作簿】，在"属性→输出到"中输入"objExcel-WorkBook1"，在"文件路径"下单击"Exp"切换为专业模式并输入文件路径"@res"固资明细表.xlsx""，其属性设置如图 5-8 所示。

图 5-8 更改【打开 Excel 工作簿】属性

步骤八：添加两个【读取区域】，在"属性→输出到"中选择变量"固资明细"，在"工作簿对象"中输入"objExcelWorkBook1"，在"工作表"专业模式中输入 sheet 名""固资明细表""，在"区域"中输入要读取的表格区域"A4:F10"，另一个命令设置步骤同上，其属性设置分别如图 5-9、图 5-10 所示。

图 5-9 【读取区域】属性设置 1

图 5-10 【读取区域】属性设置 2

步骤九：添加一个【关闭 Excel 工作簿】至【读取区域】下方，在"属性→工作簿对象"中输入"objExcelWorkBook1"，其属性设置如图 5-11 所示。

步骤十：依次搜索并添加【获取时间】【格式化时间】和两个【在数组尾部添加元素】，目的是为了记录流程块的运行时间和状态，如图 5-12 所示。【在数组尾部添加元素】属性设置如表 5-2 所示。

图 5-11　【关闭 Excel 工作簿】属性设置

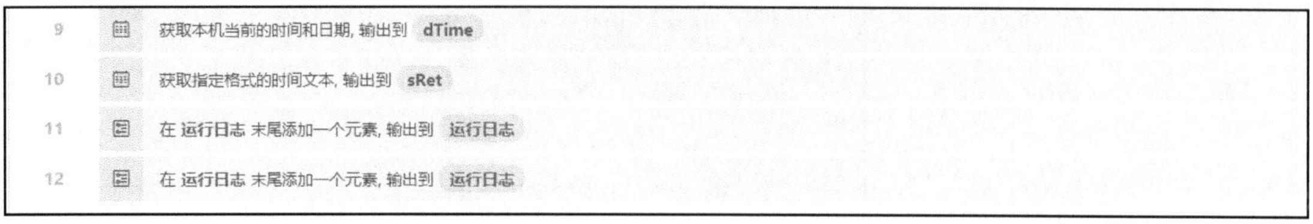

9	获取本机当前的时间和日期, 输出到 **dTime**
10	获取指定格式的时间文本, 输出到 **sRet**
11	在 运行日志 末尾添加一个元素, 输出到 运行日志
12	在 运行日志 末尾添加一个元素, 输出到 运行日志

图 5-12　获取机器人运行时间和状态

表 5-2　【在数组尾部添加元素】属性设置

活动名	输出到	目标数组	添加元素
在数组尾部	运行日志	运行日志	sRet
添加元素	运行日志	运行日志	"完成"

该流程块可视化视图和变量如图 5-13 所示,注意要在流程块中新建"i"和"objExcel-WorkBook1"这两个变量。

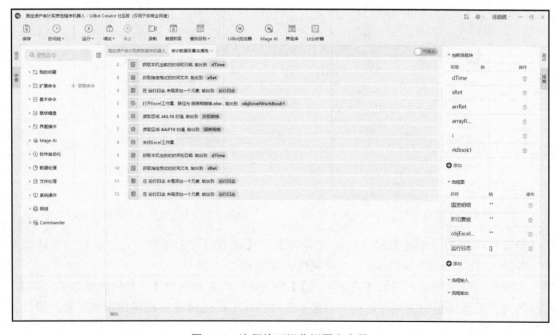

图 5-13　流程块可视化视图和变量

3. 编制固定资产明细表

步骤十一：进入"编制固资明细表"流程块，添加一个【打开 Excel 工作簿】，在"属性→输出到"中选择变量"objExcelWorkBook"，输入"文件路径"为"@res"Z0-10 审计底稿.xlsx""，其属性设置如图 5-14 所示。

图 5-14　【打开 Excel 工作簿】属性设置

步骤十二：添加两个【写入区域】，在"属性→工作簿对象"中选择"objExcel-WorkBook"，在"工作表"中输入工作表名""Z0-10""，在"开始单元格"中输入开始填写的表格单元格"A10"，在"数据"中选择要填写的数组"固资明细"，另一个命令设置步骤同上，其属性设置分别如图 5-15、图 5-16 所示。

图 5-15　【写入区域】属性设置 1

图 5-16　【写入区域】属性设置 2

步骤十三：依次搜索并添加【获取时间】【格式化时间】【在数组尾部添加元素】【在数组尾部添加元素】。具体操作参考步骤十。

该流程块可视化视图和变量如图 5-17 所示。

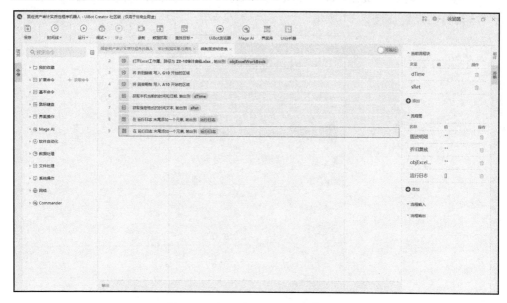

图 5-17　流程块可视化视图和变量

4. 生成审计底稿

步骤十四：进入"生成审计底稿"，添加一个【从初始值开始按步长计数】，在"属性→索引名称"中输入"n"，设置"初始值"为"0"、"结束值"为"6"、"步进"为"1"，表示循环 7 次后结束循环，其属性设置如图 5-18 所示。

步骤十五：在【从初始值开始按步长计数】中添加一个【写入单元格】，在"属性→工作簿对象"中选择"objExcelWorkBook"，在"工作表"中输入""Z0-10""，在"单元格"中输入要填写的单元格""J"&i"，在"数据"中输入每月折旧额的计算公式""=F"&i&"*(1-G"&i&")/H"&i&"/11""，其属性设置如图 5-19 所示。

图 5-18　【从初始值开始按步长计数】属性设置　　图 5-19　【写入单元格】属性设置

步骤十六：在【从初始值开始按步长计数】下方再添加两个【写入单元格】，在"属性→工作簿对象"中输入"objExcelWorkBook"，在"工作表"中输入"Z0-10"，在"单元格"中分别输入要填写的单元格""L"&i"和""M"&i"，在"数据"中输入本期应计提折旧和资产净值的计算公式""=J"&i&"*K"&i"和""=F"&i&"-L"&i"，其属性设置如图 5-20、 图 5-21 所示。

图 5-20　【写入单元格】属性设置 1　　　　图 5-21　【写入单元格】属性设置 2

步骤十七：在【写入单元格】下方添加一个【变量赋值】，在"属性→变量名"中输入"i"，在"变量值"中输入"i+1"，其属性设置如图 5-22 所示。

步骤十八：在【从初始值开始按步长计数】下方添加一个【打开 Excel 工作簿】，在"属性→输出到"中输入"objExcelWorkBook1"，在"文件路径"中输入"@res"重庆蛮先进智能制造有限公司财务报表.xlsx""，其属性设置如图 5-23 所示。

图 5-22　【变量赋值】属性设置　　　　图 5-23　【打开 Excel 工作簿】属性设置

步骤十九：在【打开 Excel 工作簿】下方再添加两个【读取单元格】，在"属性→输出到"中输入"总账数据"，在"工作簿对象"中输入"objExcelWorkBook1"，在"工作表"

中输入"1.资产负债表",在"单元格"中输入要读取的单元格"D33",另一个命令设置步骤同上,其属性设置如图 5-24、图 5-25 所示。

图 5-24 【读取单元格】属性设置 1   图 5-25 【读取单元格】属性设置 2

步骤二十:在【读取单元格】下方添加一个【写入单元格】,在"属性→工作簿对象"中选择"objExcelWorkBook",在"工作表"中输入""Z0-10"",在"单元格"中输入要填写的单元格"M23",在"数据"中输入"总账数据",将资产负债表中的固定资产净值写入底稿中,其属性设置如图 5-26 所示。

步骤二十一:在【写入单元格】下方添加一个【关闭 Excel 工作簿】,在"属性→工作簿对象"中输入"objExcelWorkBook1",其属性设置如图 5-27 所示。

图 5-26 【写入单元格】属性设置   图 5-27 【关闭 Excel 工作簿】属性设置

步骤二十二:在【关闭 Excel 工作簿】下方添加一个【读取单元格】,在"属性→输出到"中输入"差异额",在"工作簿对象"中选择"objExcelWorkBook",在"工作表"中输入""Z0-10"",在"单元格"中输入要填写的单元格"M24",以读取资产负债表和测算值之间的差异额，其属性设置如图 5-28 所示。

图 5-28　【读取单元格】属性设置

步骤二十三：在【读取单元格】下方添加一个【如果条件成立】，并在其下方添加一个【写入单元格】。在其"判断表达式"中输入"差异额=0"。在【写入单元格】的"属性→工作簿对象"中选择"objExcelWorkBook"，在"工作表"中输入""Z0-10""，在"单元格"中输入要填写的单元格"B25"，在"数据"中输入核对无误时的结论""固定资产在财务报表上的披露恰当""，其属性设置如图 5-29、图 5-30 所示。

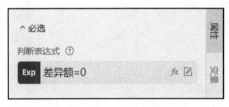

图 5-29　【如果条件成立】属性设置

图 5-30　【写入单元格】属性设置

步骤二十四：在【如果条件成立】下再添加一个【如果条件成立】，并在其下方添加一个【写入单元格】，在其"判断表达式"中输入"差异额<>0"。在【写入单元格】的"属性→工作簿对象"中输入"objExcelWorkBook"，在"工作表"中输入""Z0-10""，在"单元格"中输入要填写的单元格"B25"，在"数据"中输入核对有误时的结论""固定资产披露有误，需进一步审计""，其属性设置如图5-31、图5-32所示。

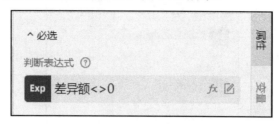

图 5-31   【如果条件成立】属性设置

图 5-32   【写入单元格】属性设置

步骤二十五：在【写入单元格】下方添加一个【关闭 Excel 工作簿】，在"属性→工作簿对象"中选择"objExcelWorkBook"，其属性设置如图5-33所示。

图 5-33   【关闭 Excel 工作簿】属性设置

步骤二十六：依次搜索并添加【获取时间】【格式化时间】【在数组尾部添加元素】【在数组尾部添加元素】。具体操作参考步骤十。

该流程块可视化视图和变量如图5-34所示，注意要在流程块中新建"总账数据""资产净值""objExcelWorkBook1"和"i"四个变量。

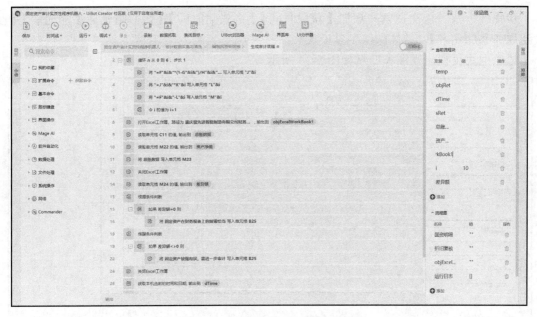

图 5-34　流程块可视化视图和变量

5. 发送审计底稿

步骤二十七：进入"发送审计底稿"，添加一个"SMTP/POP"下的【发送邮件】。注意要将【发送邮件】的登录账号和登录密码的属性值改为自己的账号。其属性设置如图 5-35 所示。

图 5-35　【发送邮件】属性设置

步骤二十八：依次搜索并添加【获取时间】【格式化时间】【在数组尾部添加元素】【在数组尾部添加元素】。具体操作参考步骤十。

该流程块可视化视图和变量如图 5-36 所示。

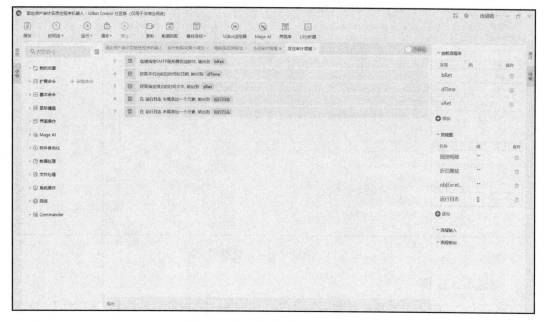

图 5-36　流程块可视化视图和变量

6. 生成机器人运行日志

步骤二十九：依次添加【打开 Excel 工作簿】【获取行数】【变量赋值】。【打开 Excel 工作簿】的文件路径属性为"@res"机器人运行日志.xlsx""。【获取行数】的"工作簿对象"为"objExcelWorkBook1"。【变量赋值】的"变量名"属性为"iRet"，"变量值"属性为"iRet+1"。其属性设置分别如图 5-37、图 5-38、图 5-39 所示。

图 5-37　【打开 Excel 工作簿】属性设置

图 5-38　【获取行数】属性设置

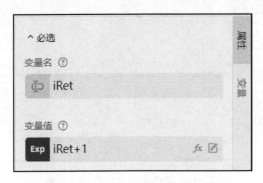

图 5-39　【变量赋值】属性设置

步骤三十：添加一个【写入行】，在"属性→工作簿对象"中输入"objExcelWork-Book1"，在"单元格"中输入""A"&iRet"，在"数据"中输入"运行日志"，以写入机器人的运行状态日志，其属性设置如图 5-40 所示。

图 5-40　【写入行】属性设置

该流程块可视化视图和变量如图 5-41 所示，注意要在流程块中新建一个"objExcel-Work-Book1"变量。

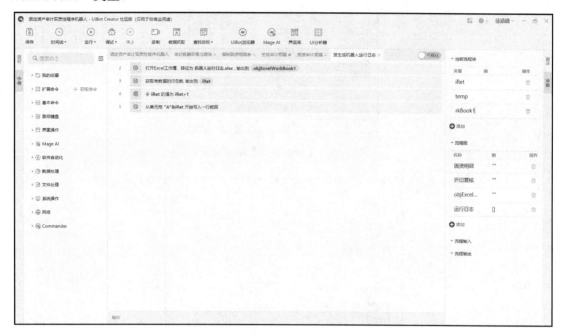

图 5-41　流程块可视化视图和变量

固定资产审计实质性程序机器人的运行结果如下。

（1）固定资产审计底稿。

机器人自动计算数值并写入审计底稿，结果如图 5-42 所示。

| | | | | | | | 固定资产明细及累计折旧复核表 | | | | | | | |

被审计单位：		重庆室先进智能制造有限公司				审核员A		日期：	2022.01.16			索引号：		Z0－10
审查项目：		固定资产				复核员B		日期：	2022.01.16			页次：		
会计期间：		2021.9.30												

		固定资产明细					折旧复核							
序号	类别	固定资产名称	购置日期	数量	原值	残值率	预计使用年限	已使用月数	月折旧	本期应提折旧月份数	本期应提折旧	资产净值
1	车	重庆安福汽车	2017.2.21	1	430,800.00	0.05	5	43	7,441.09	9	66,969.82	363,830.18
2	车	丰田汽车	2018.3.9	1	177,750.00	0.05	5	30	3,070.23	9	27,632.05	150,117.95
3	车	五菱汽车	2019.1.10	1	38,000.00	0.05	4	20	820.45	9	7,384.09	30,615.91
4	打印机	打印机	2019.10.15	1	1,548.70	0.05	3	11	44.58	9	401.25	1,147.45
5	打印机	打印机	2019.12.18	1	1,720.00	0.05	3	9	49.52	9	445.64	1,274.36
6	空调	空调	2019.7.4	1	1,650.00	0.05	3	14	47.50	9	427.50	1,222.50
7	空调	空调	2019.8.8	1	3,200.00	0.05	3	13	92.12	9	829.09	2,370.91
										9		
										9		
										9		
										9		
										9		
总计					654,668.70						104,089.44	550,579.26
										资产负债表固资净值		7978585.75
										差异：		7428006.49
审计结论：固定资产披露有误，需进一步审计												

图 5-42　固定资产审计底稿

（2）机器人运行日志。

机器人记录每个模块的运行时间及运行状态，生成运行日志，结果如图 5-43 所示。

固定资产审计实质性程序机器人运行日志								
机器人开始运行时间	审计数据采集与清洗		编制固资明细表		生成审计底稿		发送审计底稿	
	运行结束时间	状态	运行结束时间	状态	运行结束时间	状态	运行结束时间	状态
2021/8/21 19:45	2021/8/21 19:45	完成	2021/8/21 19:45	完成	2021/8/21 19:45	完成	2021/8/21 19:45	完成

图 5-43　机器人运行日志

第6章 合并报表审计机器人

6.1 实训目的

本实训旨在让读者加深对 RPA 技术应用的理解，并使其熟练掌握合并报表审计机器人的开发与应用方法。机器人分析板块强化了业务流程梳理与痛点分析能力，机器人设计板块重在培养业务流程转化为机器人流程的流程重构数据标准与规范化设计能力，机器人开发板块培养了自动化技术实现路径的规划能力。通过本实训，读者能加深对合并报表业务流程的理解，启发由业务流程向机器人流程的思维转化，实现合并报表部分审计业务流程的自动化思维转化。其主要目的包括：

（1）了解合并报表审计实质性程序的业务流程；

（2）掌握合并报表审计实质性程序业务流程的痛点及分析方法；

（3）掌握合并报表审计机器人流程的设计方法；

（4）掌握合并报表审计机器人开发的技术思路；

（5）学会分析合并报表审计机器人运用的价值与风险、部署与运行。

6.2 实训要求

本实训的基本要求是熟悉合并报表审计工作业务流程及合并报表审计机器人的模拟开发。其具体要求如下：

（1）阅读所提供的会计师事务所和被审计单位的背景资料，了解其组织架构和项目情况，了解现有流程；

（2）分析合并报表审计实质性程序现有业务流程及其痛点；

（3）根据业务流程及其痛点设计合并报表审计机器人流程；

（4）根据机器人流程进行合并报表审计机器人开发；

（5）在机器人开发过程中规范并确定数据标准；

（6）在机器人开发完成后对机器人进行部署；

（7）分析设计合并报表审计机器人的价值与风险。

6.3 实训内容

6.3.1 机器人分析

审计助理需要对合并现金流量表中的主表内钩稽关系和主表与补充资料之间的钩稽关系进行核对。第一，核对母公司的期初现金及现金等价物增加额与合并报表合并数的期初现金及现金等价物增加额是否相等；第二，核对合并现金流量表主表与补充资料的经营活动产生的现金流量净额是否相等；第三，核对合并现金流量表主表的期末现金及现金等价物余额与补充资料的现金及现金等价物的期末余额是否相等；第四，核对合并现金流量表主表的期初现金及现金等价物余额与补充资料的现金及现金等价物的年初余额是否相等；第五，核对合并现金流量表主表的现金及现金等价物和补充资料的现金及现金等价物净增加额是否相等。完成所有核对后，填写钩稽关系核对表文件并发送至项目经理邮箱。

合并报表审计实质性分析程序如图6-1所示。

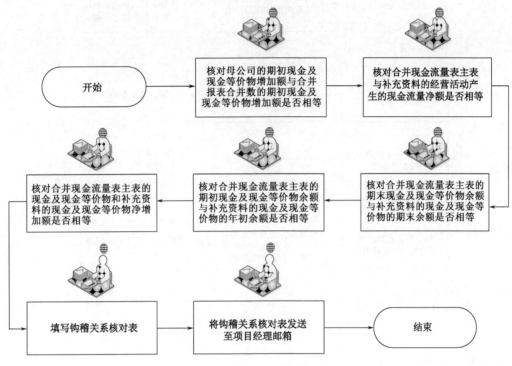

图6-1　合并报表审计实质性分析程序

6.3.2　机器人设计

小蛮自动从重庆蛮先进智能制造有限公司合并现金流量表及其补充资料中，分别读取合并现金流量表主表和本期需要核对的数据，接着，将读取的本期需要核对的数据写入钩稽关系核对表的本期金额处，并计算合并现金流量表本表内的钩稽差异值，判断差异值是否为0；若为0则代表钩稽平衡，在差异值下方的单元格写上"Yes"，否则写上"No"。同理，计算主表与补充资料的钩稽差异值并判断是否为0。最后，计算合并差异值汇总数和母公司差异值汇总数，以及二者之和，将钩稽关系核对表发送至项目经理邮箱。

合并报表审计机器人流程如图6-2所示。

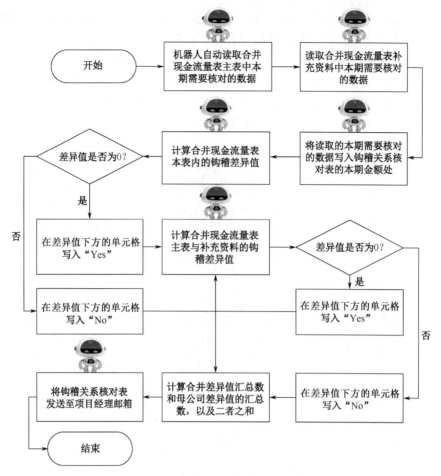

图 6-2 合并报表审计机器人流程

6.3.3 机器人开发

合并报表审计机器人开发包括审计数据采集与清洗、编制钩稽关系核对表、生成审计底稿、发送审计底稿、生成机器人运行日志五个模块。

首先，利用打开 Excel 工作簿、读取单元格、转为小数数据、变量赋值等活动实现审计数据的采集和清洗；其次，通过写入单元格将清洗过的数据写入表格，编制钩稽关系核对表；接着，利用条件分支、写入单元格、变量赋值等活动生成审计底稿；随后，将审计底稿发送给项目经理；最后，根据机器人的运行状态和运行时间生成机器人运行日志。

合并报表审计机器人开发的技术路线如表 6-1 所示。

表 6-1 机器人开发的技术路线

模块	功能描述	使用的活动
审计数据采集与清洗	打开从本地获取的"合并现金流量表"文件，读取文件中的数据	打开 Excel 工作簿
		读取单元格
		转为小数数据
		变量赋值
		关闭 Excel 工作簿

模块	功能描述	使用的活动
编制钩稽关系核对表	将合并数据写入钩稽关系核对表	打开 Excel 工作簿
		写入单元格
	将母公司数据写入钩稽关系核对表	关闭 Excel 工作簿
生成审计底稿	计算本表内钩稽差异	打开 Excel 工作簿
		变量赋值
		写入单元格
		条件分支
		关闭 Excel 工作簿
	测算补充资料与主表的钩稽差异值	打开 Excel 工作簿
		变量赋值
		写入单元格
		条件分支
		关闭 Excel 工作簿
	汇总差异值结果	打开 Excel 工作簿
		读取单元格
		写入单元格
		关闭 Excel 工作簿
发送审计底稿	将审计底稿发送给项目经理	发送邮件
生成机器人	将工作底稿发送给审计人员	获取时间
运行日志	记录机器人运行时间、结束时间等数据	格式化时间

1. 搭建整体流程框架

步骤一：打开 UiBot Creator 软件，新建流程，将其命名为"合并报表审计机器人"。

步骤二：拖入 5 个"流程块"和 1 个"结束"至流程图设计主界面，并连接起来。流程块描述修改为：审计数据采集与清洗、编制钩稽关系核对表、生成审计底稿、发送审计底稿、生成机器人运行日志，如图 6-3 所示。

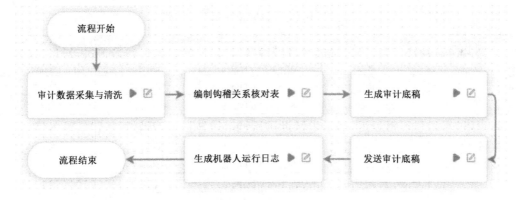

图 6-3　UiBot Creator 流程图设计主界面

2. 审计数据采集与清洗

步骤三：进入"审计数据采集与清洗"流程块，首先添加一个【获取时间】，将机器人开始运行的时间数据输入至"start_time"。再添加一个【打开 Excel 工作簿】，打开合并现金流量表，如图 6-4 所示，其属性设置如表 6-2 所示。

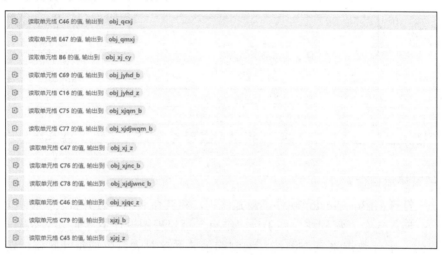

图 6-4　打开 Excel 工作簿

表 6-2　打开 Excel 工作簿

活动名	输出到	文件路径	是否可见
打开 Excel 工作簿	objExcelWorkBook	@res"合并现金流量表.xlsx"	是

步骤四：添加【读取单元格】，读取合并现金流量表中需要核对的合并数本期金额，如图 6-5 所示，其属性设置如表 6-3 所示。

读取单元格 C46 的值，输出到　obj_qcxj

读取单元格 E47 的值，输出到　obj_qmxj

读取单元格 B6 的值，输出到　obj_xj_cy

读取单元格 C69 的值，输出到　obj_jyhd_b

读取单元格 C16 的值，输出到　obj_jyhd_z

读取单元格 C75 的值，输出到　obj_xjqm_b

读取单元格 C77 的值，输出到　obj_xjdjwqm_b

读取单元格 C47 的值，输出到　obj_xj_z

读取单元格 C76 的值，输出到　obj_xjnc_b

读取单元格 C78 的值，输出到　obj_xjdjwnc_b

读取单元格 C46 的值，输出到　obj_xjqc_z

读取单元格 C79 的值，输出到　xjzj_b

读取单元格 C45 的值，输出到　xjzj_z

图 6-5　读取单元格

表 6-3　读取单元格

活动名	输出到	工作簿对象	工作表	单元格
读取单元格	obj_qcxj	objExcelWorkBook	"Sheet1"	"C46"
	obj_qmxj	objExcelWorkBook	"Sheet1"	"E47"
	obj_xj_cy	objExcelWorkBook	"Sheet1"	"B6"
	obj_jyhd_b	objExcelWorkBook	"Sheet1"	"C69"
	obj_jyhd_z	objExcelWorkBook	"Sheet1"	"C16"
	obj_xjqm_b	objExcelWorkBook	"Sheet1"	"C75"
	obj_xjdjwqm_b	objExcelWorkBook	"Sheet1"	"C77"
	obj_xj_z	objExcelWorkBook	"Sheet1"	"C47"
	obj_xjnc_b	objExcelWorkBook	"Sheet1"	"C76"

活动名	输出到	工作簿对象	工作表	单元格
读取单元格	obj_xjdjwnc_b	objExcelWorkBook	"Sheet1"	"C78"
	obj_xjqc_z	objExcelWorkBook	"Sheet1"	"C46"
	xjzj_b	objExcelWorkBook	"Sheet1"	"C79"
	xjzj_z	objExcelWorkBook	"Sheet1"	"C45"

步骤五：添加两个【转为小数数据】和一个【变量赋值】，将变量 obj_xjqm_b 和 obj_xjdjwqm_b 分别转换为数值类型，并求二者的和，如图 6-6 所示，其属性设置分别如表 6-4、表 6-5 所示。

> 将 obj_xjqm_b 转换为数值类型，输出到 iRet_xjqm_b
> 将 obj_xjdjwqm_b 转换为数值类型，输出到 iRet_xjdjwqm_b
> ⇦ sum_xjqm 的值为 iRet_xjqm_b + iRet_xjdjwqm_b

图 6-6 数据处理

表 6-4 转为小数数据

活动名	输出到	转换对象
转为小数数据	iRet_xjqm_b	obj_xjqm_b
	iRet_xjdjwqm_b	obj_xjdjwqm_b

表 6-5 变量赋值

活动名	变量名	变量值
变量赋值	sum_xjqm	iRet_xjqm_b + iRet_xjdjwqm_b

步骤六：添加两个【转为小数数据】和一个【变量赋值】，将变量 obj_xjnc_b 和 obj_xjdjwnc_b 分别转换为数值类型，并求二者的和，如图 6-7 所示，其属性设置分别如表 6-6、表 6-7 所示。

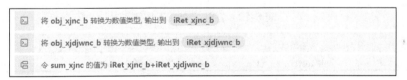

> 将 obj_xjnc_b 转换为数值类型，输出到 iRet_xjnc_b
> 将 obj_xjdjwnc_b 转换为数值类型，输出到 iRet_xjdjwnc_b
> ⇦ sum_xjnc 的值为 iRet_xjnc_b+iRet_xjdjwnc_b

图 6-7 数据处理

表 6-6 转为小数数据

活动名	输出到	转换对象
转为小数数据	iRet_xjnc_b	obj_xjnc_b
	iRet_xjdjwnc_b	obj_xjdjwnc_b

表 6-7 变量赋值

活动名	变量名	变量值
变量赋值	sum_xjnc	iRet_xjnc_b+iRet_xjdjwnc_b

步骤七：添加【关闭 Excel 工作簿】，关闭合并现金流量表，如图 6-8 所示，其属性设置如表 6-8 所示；再添加所需局部变量，其属性设置如表 6-9 所示。

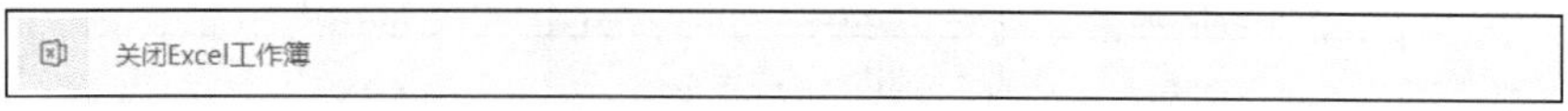

图 6-8　关闭 Excel 工作簿

表 6-8　关闭 Excel 工作簿

活动名	工作簿对象	立即保存
关闭 Excel 工作簿	objExcelWorkBook	是

表 6-9　添加局部变量

变量名	值
objWindow	""
iRet_xjdjwqm_b	""
iRet_xjqm_b	""
obj_xjdjwqm_b	""
obj_xj_cy	""
iRet_xjdjwnc_b	""
iRet_xjnc_b	""
obj_xjdjwnc_b	""
obj_xjnc_b	""
obj_xjqm_b	""
objExcelWorkBook	""

步骤八：添加一个【打开 Excel 工作簿】，打开合并现金流量表，如图 6-9 所示，其属性设置如表 6-10 所示。

图 6-9　打开 Excel 工作簿

表 6-10　打开 Excel 工作簿

活动名	输出到	文件路径	是否可见
打开 Excel 工作簿	objExcelWorkBook	@res"合并现金流量表.xlsx"	是

步骤九：首先添加两个【读取单元格】，读取合并现金流量表中需要核对的母公司数据，然后添加【关闭 Excel 工作簿】，关闭合并现金流量表，最后添加【获取时间】，获取机器人的运行日志时间，将数据输出至"pro_1"，如图 6-10 所示，其属性设置分别如表 6-11、表 6-12 所示。

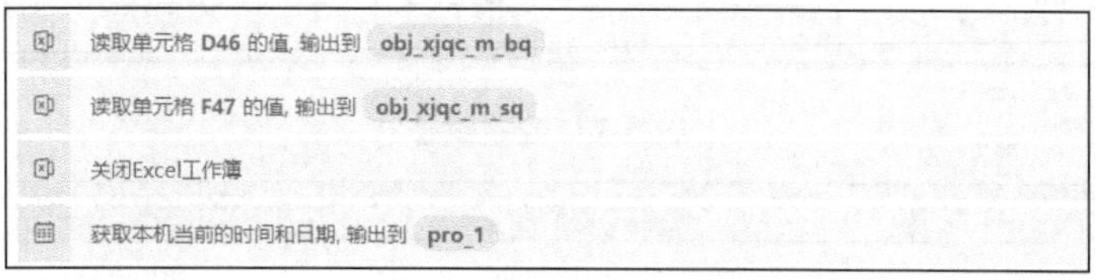

图 6-10　读取母公司数据

表 6-11   读取单元格

活动名	输出到	工作簿对象	工作表	单元格
读取单元格	obj_xjqc_m_bq	objExcelWorkBook	"Sheet1"	"D46"
	obj_xjqc_m_sq	objExcelWorkBook	"Sheet1"	"F47"

表 6-12   关闭 Excel 工作簿

活动名	工作簿对象	立即保存
关闭 Excel 工作簿	objExcelWorkBook	是

3. 编制钩稽关系核对表

步骤十：进入"编制钩稽关系核对表"流程块，首先添加一个【打开 Excel 工作簿】，打开钩稽关系核对表，再添加 11 个【写入单元格】，将合并现金流量表中的合并数据写入钩稽关系核对表中，最后添加【关闭 Excel 工作簿】，关闭钩稽关系核对表，如图 6-11 所示，属性设置分别如表 6-13、表 6-14 和表 6-15 所示。

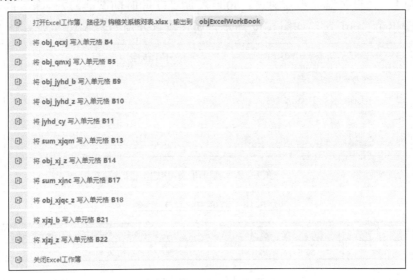

图 6-11   填写合并数据

表 6-13   打开 Excel 工作簿

活动名	输出到	文件路径	是否可见
打开 Excel 工作簿	objExcelWorkBook	@res"钩稽关系核对表.xlsx"	是

表 6-14   写入单元格

活动名	工作簿对象	工作表	单元格	数据	立即保存
写入单元格	objExcelWorkBook	"Sheet1"	"B4"	obj_qcxj	否
	objExcelWorkBook	"Sheet1"	"B5"	obj_qmxj	否
	objExcelWorkBook	"Sheet1"	"B9"	obj_jyhd_b	否
	objExcelWorkBook	"Sheet1"	"B10"	obj_jyhd_z	否
	objExcelWorkBook	"Sheet1"	"B11"	jyhd_cy	否

活动名	工作簿对象	工作表	单元格	数据	立即保存
	objExcelWorkBook	"Sheet1"	"B13"	sum_xjqm	否
	objExcelWorkBook	"Sheet1"	"B14"	obj_xj_z	否
写入单元格	objExcelWorkBook	"Sheet1"	"B17"	sum_xjnc	否
	objExcelWorkBook	"Sheet1"	"B18"	obj_xjqc_z	否
	objExcelWorkBook	"Sheet1"	"B21"	xjzj_b	否
	objExcelWorkBook	"Sheet1"	"B22"	xjzj_z	否

表 6-15　关闭 Excel 工作簿

活动名	工作簿对象	立即保存
关闭 Excel 工作簿	objExcelWorkBook	是

步骤十一：首先添加一个【打开 Excel 工作簿】，打开钩稽关系核对表；然后添加两个【写入单元格】，将合并现金流量表中的母公司数据写入钩稽关系核对表中；再添加【关闭 Excel 工作簿】，关闭钩稽关系核对表；最后添加【获取时间】，获取机器人的运行日志时间，将数据输出至"pro_2"，如图 6-12 所示，属性设置分别如表 6-16 至表 6-18 所示。

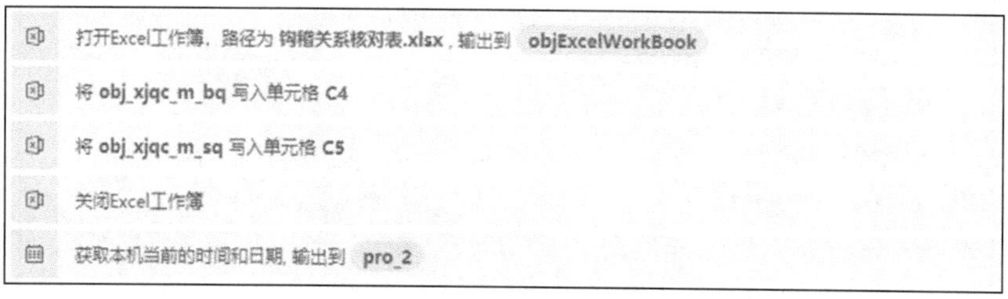

图 6-12　填写母公司数据

表 6-16　打开 Excel 工作簿

活动名	输出到	文件路径	是否可见
打开 Excel 工作簿	objExcelWorkBook	@res"钩稽关系核对表.xlsx"	是

表 6-17　写入单元格

活动名	工作簿对象	工作表	单元格	数据	立即保存
写入单元格	objExcelWorkBook	"Sheet1"	"C4"	obj_xjqc_m_bq	否
	objExcelWorkBook	"Sheet1"	"C5"	obj_xjqc_m_sq	否

表 6-18　关闭 Excel 工作簿

活动名	工作簿对象	立即保存
关闭 Excel 工作簿	objExcelWorkBook	是

4. 生成审计底稿

步骤十二：进入"生成审计底稿"流程块，首先添加一个【打开 Excel 工作簿】，打开钩稽关系核对表；再添加一个【变量赋值】，计算本表内合并数中的期初和期末现金及现金等价物余额的差异值；最后添加一个【写入单元格】，将差异值写入钩稽关系核对表，如

图 6-13 所示，属性设置分别如表 6-19 至表 6-21 所示。

图 6-13　写入差异值

表 6-19　打开 Excel 工作簿

活动名	输出到	文件路径	是否可见
打开 Excel 工作簿	objExcelWorkBook	@res"钩稽关系核对表.xlsx"	是

表 6-20　变量赋值

活动名	变量名	变量值
变量赋值	obj_xj_cy	obj_qcxj-obj_qmxj

表 6-21　写入单元格

活动名	工作簿对象	工作表	单元格	数据	立即保存
写入单元格	objExcelWorkBook	"Sheet1"	"B6"	obj_xj_cy	否

步骤十三：首先添加一个【条件分支】，判断表内合并数中的期初和期末现金及现金等价物余额的差异值是否为 0，然后在每个条件判断下添加一个【写入单元格】：若差异值为 0，则将"Yes"写入差异值下方的单元格；若差异值不为 0，则将"No"写入差异值下方的单元格，如图 6-14 所示，属性设置分别如表 6-22 和表 6-23 所示。

图 6-14　差异值条件判断

表 6-22　条件分支

活动名	判断表达式
条件分支	obj_xj_cy =0

表 6-23　写入单元格

活动名	工作簿对象	工作表	单元格	数据	立即保存
写入单元格	objExcelWorkBook	"Sheet1"	"B7"	"Yes"	否
	objExcelWorkBook	"Sheet1"	"B7"	"No"	否

步骤十四：首先添加一个【变量赋值】，计算表内母公司数据中期初和期末现金及现金等价物余额的差异值，再添加一个【写入单元格】，将差异值写入钩稽关系核对表中，然后用【关闭 Excel 工作簿】关闭钩稽关系核对表，最后添加所需局部变量，如图 6-15 所示，属性设置分别如表 6-24 至表 6-27 所示。

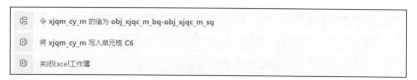

图 6-15　写入差异值

表 6-24　变量赋值

活动名	变量名	变量值
变量赋值	xjqm_cy_m	obj_xjqc_m_bq-obj_xjqc_m_sq

表 6-25　写入单元格

活动名	工作簿对象	工作表	单元格	数据	立即保存
写入单元格	objExcelWorkBook	"Sheet1"	"C6"	xjqm_cy_m	否

表 6-26　关闭 Excel 工作簿

活动名	工作簿对象	立即保存
关闭 Excel 工作簿	objExcelWorkBook	是

表 6-27　添加局部变量

变量名	值
xjqm_cy_m	""
obj_xj_cy	""

步骤十五：首先添加一个【打开 Excel 工作簿】，打开钩稽关系核对表，再添加一个【变量赋值】，计算补充资料与主表的经营活动产生的现金流量净额的差异值，然后添加一个【写入单元格】，将差异值写入钩稽关系核对表，最后用【条件分支】判断差异值是否为 0，用【写入单元格】将判断结果写入钩稽关系核对表，如图 6-16 所示，属性设置分别如表 6-28 至表 6-32 所示。

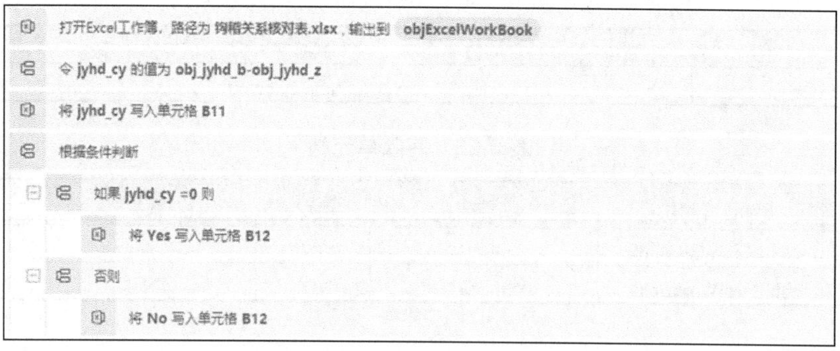

图 6-16　计算钩稽差异值

表 6-28　打开 Excel 工作簿

活动名	输出到	文件路径	是否可见
打开 Excel 工作簿	objExcelWorkBook	@res"钩稽关系核对表.xlsx"	是

表 6-29　变量赋值

活动名	变量名	变量值
变量赋值	jyhd_cy	obj_jyhd_b-obj_jyhd_z

表 6-30　写入单元格

活动名	工作簿对象	工作表	单元格	数据	立即保存
写入单元格	objExcelWorkBook	"Sheet1"	"B11"	jyhd_cy	否

表 6-31　条件分支

活动名	判断表达式
条件分支	jyhd_cy =0

表 6-32　写入单元格

活动名	工作簿对象	工作表	单元格	数据	立即保存
写入单元格	objExcelWorkBook	"Sheet1"	"B12"	"Yes"	否
	objExcelWorkBook	"Sheet1"	"B12"	"No"	否

步骤十六：参考步骤十三，计算补充资料与主表的期末现金及现金等价物余额的差异值、期初现金及现金等价物余额的差异值、现金及现金等价物净增加额的差异值，分别如图 6-17～图 6-19 所示，属性设置分别如表 6-33～表 6-45 所示。

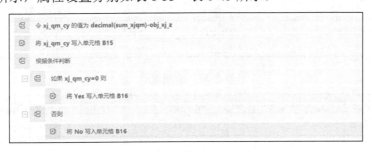

图 6-17　差异值条件判断

图 6-18　差异值条件判断

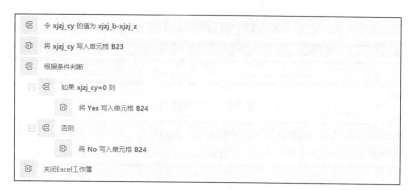

图 6-19　差异值条件判断

表 6-33　变量赋值

活动名	变量名	变量值
变量赋值	xj_qm_cy	decimal(sum_xjqm)-obj_xj_z

表 6-34　写入单元格

活动名	工作簿对象	工作表	单元格	数据	立即保存
写入单元格	objExcelWorkBook	"Sheet1"	"B15"	xj_qm_cy	否

表 6-35　条件分支

活动名	判断表达式
条件分支	xj_qm_cy=0

表 6-36　写入单元格

活动名	工作簿对象	工作表	单元格	数据	立即保存
写入单元格	objExcelWorkBook	"Sheet1"	"B16"	"Yes"	否
	objExcelWorkBook	"Sheet1"	"B16"	"No"	否

表 6-37　变量赋值

活动名	变量名	变量值
变量赋值	xj_nc_cy	decimal(sum_xjnc)-obj_xjqc_z

表 6-38　写入单元格

活动名	工作簿对象	工作表	单元格	数据	立即保存
写入单元格	objExcelWorkBook	"Sheet1"	"B19"	xj_nc_cy	否

表 6-39　条件分支

活动名	判断表达式
条件分支	xj_nc_cy =0

表 6-40 写入单元格

活动名	工作簿对象	工作表	单元格	数据	立即保存
写入单元格	objExcelWorkBook	"Sheet1"	"B20"	"Yes"	否
	objExcelWorkBook	"Sheet1"	"B20"	"No"	否

表 6-41 变量赋值

活动名	变量名	变量值
变量赋值	xjzj_cy	xjzj_b-xjzj_z

表 6-42 写入单元格

活动名	工作簿对象	工作表	单元格	数据	立即保存
写入单元格	objExcelWorkBook	"Sheet1"	"B23"	xjzj_cy	否

表 6-43 条件分支

活动名	判断表达式
条件分支	xjzj_cy=0

表 6-44 写入单元格

活动名	工作簿对象	工作表	单元格	数据	立即保存
写入单元格	objExcelWorkBook	"Sheet1"	"B24"	"Yes"	否
	objExcelWorkBook	"Sheet1"	"B24"	"No"	否

表 6-45 关闭 Excel 工作簿

活动名	工作簿对象	立即保存
关闭 Excel 工作簿	objExcelWorkBook	是

完成以上操作后用【关闭 Excel 工作簿】关闭钩稽关系核对表，然后添加局部变量，如表 6-46 所示。

表 6-46 添加局部变量

变量名	值
xj_qm_cy	""
xj_nc_cy	""
xjzj_cy	""

由于软件存在变量自动识别问题，两个 decimal 变量相加后生成的数值会被自动识别为 float 类型。为了防止运行报错，此流程块需要在源代码界面将 float 变量 sum_xjqm 和 sum_xjnc 均转换为 decimal 类型，即 decimal(sum_xjqm) 和 decimal(sum_xjnc)，如图 6-20 所示。

```
20    xj_qm_cy = decimal(sum_xjqm)-obj_xj_z
21    Excel.WriteCell(objExcelWorkBook,"Sheet1","B15",xj_qm_cy,False)
29    xj_nc_cy = decimal(sum_xjnc)-obj_xjqc_z
30    Excel.WriteCell(objExcelWorkBook,"Sheet1","B19",xj_nc_cy,False)
```

图 6-20　转换变量类型

步骤十七：添加一个【打开 Excel 工作簿】，打开钩稽关系核对表，然后添加两个【读取单元格】，读取本期合并数中所有有差异的汇总数和本期母公司数中所有有差异的汇总数，再添加一个【变量赋值】，将两个差异值相加；接着添加一个【写入单元格】，将差异值之和写入汇总数合计；然后添加【关闭 Excel 工作簿】，关闭钩稽关系核对表；再添加局部变量；最后添加【获取时间】，获取机器人的运行日志时间，将数据输出至"pro_3"，如图 6-21 所示，属性设置分别如表 6-47 至表 6-52 所示。

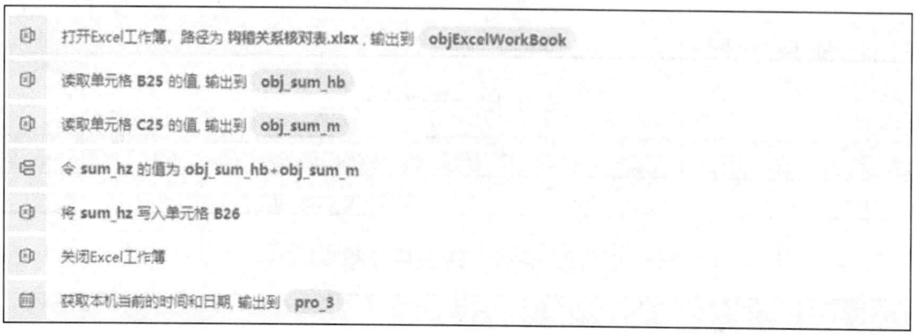

图 6-21　计算差异值汇总数

表 6-47　打开 Excel 工作簿

活动名	输出到	文件路径	是否可见
打开 Excel 工作簿	objExcelWorkBook	@res"钩稽关系核对表.xlsx"	是

表 6-48　读取单元格

活动名	输出到	工作簿对象	工作簿	单元格
读取单元格	obj_sum_hb	objExcelWorkBook	"Sheet1"	"B25"
	obj_sum_m	objExcelWorkBook	"Sheet1"	"C25"

表 6-49　变量赋值

活动名	变量名	变量值
变量赋值	sum_hz	obj_sum_hb+obj_sum_m

表 6-50　写入单元格

活动名	工作簿对象	工作表	单元格	数据	立即保存
写入单元格	objExcelWorkBook	"Sheet1"	"B26"	sum_hz	否

表 6-51　关闭 Excel 工作簿

活动名	工作簿对象	立即保存
关闭 Excel 工作簿	objExcelWorkBook	是

表 6-52　添加局部变量

变量名	值
sum_hz	""
obj_sum_m	""
obj_sum_hb	""

5. 发送审计底稿

步骤十八：进入"发送审计底稿"流程块，添加一个 SMTP/POP 下的【发送邮件】，将钩稽关系核对表发送至项目经理邮箱，再添加全局变量，最后添加【获取时间】，获取机器人的运行日志时间，将数据输出至"pro_4"，分别如图 6-22 和图 6-23 所示，属性设置分别如表 6-53 至表 6-54 所示。

bRet = Mail.Send("smtp.qq.com","84****887@qq.com","phiw****ocejbegd","yrf1****1167@163.com","钩稽关系核对表","合并现金流量表钩稽关系核

获取本机当前的时间和日期, 输出到 **pro_4**

图 6-22　添加发送邮件

表 6-53　添加发送邮件

活动名	输出到	SMTP 服务器	邮箱账号	登录密码	收件邮箱
发送邮件	bRet	"smtp.qq.com"	"8***7@qq.com"	"phi**gd"	"y***7@163.com"
活动名	邮件标题	邮件正文	邮件附件	服务器端口	SSL 加密
发送邮件	"钩稽关系核对表"	"合并现金流量表钩稽关系核对结果已生成，请查收！"	@res"钩稽关系核对表.xlsx"	465	是

表 6-54　添加局部变量

变量名	使用方向	值
obj_qcxj	无	""
obj_qmxj	无	""
obj_jyhd_b	无	""
obj_jyhd_z	无	""
jyhd_cy	无	""
sum_xjqm	无	""
obj_xj_z	无	""
sum_xjnc	无	""
obj_xjqc_z	无	""
xjzj_b	无	""
xjzj_z	无	""
obj_xjqc_m_bq	无	""
obj_xjqc_m_sq	无	""

图 6-23　发送邮件属性

6. 生成机器人运行日志

步骤十九：进入"生成机器人运行日志"流程块，然后依次添加【打开 Excel 工作簿】【获取行数】【变量赋值】。【打开 Excel 工作簿】的文件路径属性为"@res"机器人运行日志.xlsx""，【获取行数】的"工作簿对象"为"objExcelWorkBook1"，【变量赋值】的变量名属性值为"iRet"，变量值属性为"iRet +1"，属性设置分别如图 6-24、图 6-25 和图 6-26 所示。

图 6-24　【打开 Excel 工作簿】属性设置

图 6-25　【获取行数】属性设置

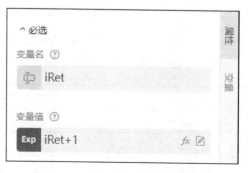

图 6-26　【变量赋值】属性设置

步骤二十：添加 5 个【格式化时间】，将获取的机器人运行时间进行格式化，其属性设置如表 6-55 所示。然后添加一个【写入行】，在"属性→工作簿对象"中输入"objExcel-WorkBook1"，在"单元格"中输入""A"&iRet"，设置"数据"为数组"[start_time_r,pro_1_r,'成功',pro_2_r,'成功',pro_3_r,'成功',pro_4_r,'成功']"，以写入机器人的运行状态日志，其属性设置如图 6-27 所示。可视化视图如图 6-28 所示。

图 6-27　【写入行】属性设置

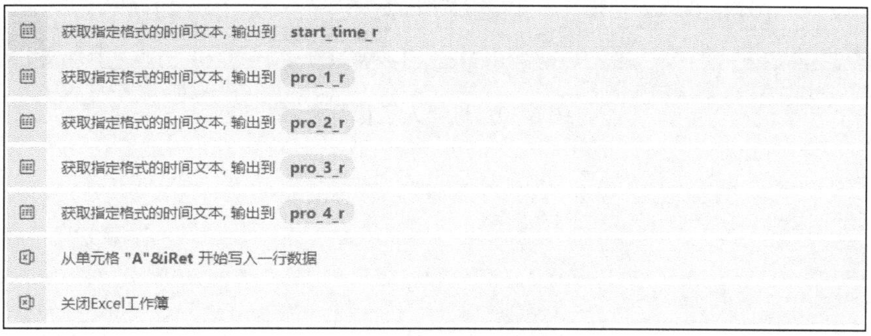

图 6-28　可视化视图

表 6-55　格式化时间

输出到	时间	格式
start_time_r	start_time	yyyy-mm-dd hh:mm:ss
pro_1_r	pro_1	yyyy-mm-dd hh:mm:ss
pro_2_r	pro_2	yyyy-mm-dd hh:mm:ss
pro_3_r	pro_3	yyyy-mm-dd hh:mm:ss
pro_4_r	pro_4	yyyy-mm-dd hh:mm:ss

合并报表审计机器人运行结果如下。

（1）合并报表审计底稿。

机器人自动计算数值并写入审计底稿，结果如图 6-29 所示。

钩稽检查		本期金额		上期金额	
项　　目		合并	公司	合并	公司
本表内钩稽：					
加：期初现金及现金等价物余额	合并	6,665,710.52	5,754,724.77		
六、期末现金及现金等价物余额	合并	0.00	0.00		
差　　异		6,665,710.52	5,754,724.77		
		No			
现金流量表补充资料与主表钩稽：					
经营活动产生的现金流量净额（补充资料）		3,501,514.43			
经营活动产生的现金流量净额（主表）		2,857,489.43			
差　　异		644,025.00		0.00	
		No			
现金的期末余额 加：现金等价物的期末余额		8,162,078.96			
六、期末现金及现金等价物余额（主表）		7,977,053.96			
差　　异		185,025.00		0.00	
		No			
减：现金的年初余额 减：现金等价物的年初余额		6,665,710.52			
加：期初现金及现金等价物余额（主表）		6,665,710.52			
差　　异		0.00		0.00	
		Yes			
现金及现金等价物净增加额（补充资料）		1,496,368.44			
五、现金及现金等价物净增加额（主表）		1,311,343.44			
差　　异		185,025.00			
		No			
差异汇总：		7,679,785.52	5,754,724.77	0.00	0.00
汇总数合计：		￥13,434,510.29			

图 6-29　合并报表审计底稿

（2）机器人运行日志。

机器人记录每个模块的运行时间及运行状态，生成运行日志，结果如图 6-30 所示。

审计机器人运行日志								
机器人开始运行时间		审计数据采集与清洗		编制钩稽关系核对表		生成审计底稿		发送审计底稿
2022/4/6 9:39		2022/4/6 9:39	成功	2022/4/6 9:39	成功	2022/4/6 9:39	成功	2022/4/6 9:39	成功
2022/4/3 17:29		2022/4/3 17:29	成功	2022/4/3 17:30	成功	2022/4/3 17:30	成功	2022/4/3 17:30	成功

图 6-30　机器人运行日志

第三部分

综合实训篇

本部分的综合实训包含两章，分别是应付职工薪酬审计实质性程序机器人和货币资金实质性程序机器人。每章都从审计工作的场景开场，让读者通过沉浸式的案例体验融入审计工作当中，切身地感受审计工作中的痛点，进而根据目前的问题进行审计机器人的自动化设计，规范数据标准，确定技术路线，为审计机器人的开发奠定基础，最后分析审计机器人的应用价值，并通过思维拓展进一步引导读者进行深入的思考学习。

第7章 应付职工薪酬审计实质性程序机器人

7.1 场景描述

重庆数字链审会计师事务所审计一部会议室。

一大早，副所长陈萌就召开了一个内部的紧急会议。

陈萌一贯雷厉风行，直接进入会议主题："各位早上好！时间宝贵，长话短说。今天开会的主要目的就是强调一下蛮先进智能制造有限公司今年的年报审计项目。这个项目作为重点项目，必须认真对待，各位要齐心协力重视起来。好，下面大家先谈谈自己的看法。"

审计一部部门经理聂琦说道："蛮先进智能制造有限公司是咱们所的大客户，报表审计质量是关键，不可掉以轻心呀！首先审计人员配置很重要，其次是……"

之后各位项目经理也表明了态度。所长程平非常满意："各位辛苦了，预祝这次蛮先进智能制造有限公司的审计项目能圆满成功！"

散会后，大家便开始忙碌起来。项目经理黄鑫作为应付职工薪酬科目的负责人，回到部门内部，立马开始落实具体工作安排。

"涵璐，针对蛮先进智能制造有限公司应付职工薪酬的审计工作，你怎么看？"黄鑫找来中级审计助理徐涵璐问道。

"职工薪酬审计内容还是比较琐碎的。首先，要了解被审计单位的薪酬体系、薪酬结构等基本制度；其次，要关注同行业的薪酬水平。这些看似不起眼的工作却能为后期的审计工作带来大用处。"徐涵璐有条不紊地回答着黄鑫的问题。

"是呀，事务所审计人员首先要了解被审计单位职工薪酬核算、发放的相关制度并获取审计工作中所涉及的主要凭证和账簿等资料，获取或编制应付职工薪酬明细表，并与报表、总账、明细账核对一致，取得数据后，进而分析数据的合理性。"黄鑫对徐涵璐的话深表赞同。

这时在一旁工作的俞津加入讨论："这块儿就很复杂了，到现在我还有点懵，一想到要查看员工人数变动情况、工资情况是否与薪酬制度相符，我就头大。这工作不仅数据量大，还耗时间。审计人员可太不容易了！"

"其实别把事情想那么复杂，分析性复核需要理清思路，主要是四个方面内容：员工变动情况、本期与上期职工薪酬所占比例变动情况、社保缴纳情况和独立部门数据核对。抓住这四个大方向就不会乱了。小俞，你下次可以按我说的试试。"徐涵璐耐心地向俞津传授着经验。

"哈哈，俞津同志好好向涵璐姐姐学习吧，审计的奥秘大着呢！"黄鑫调侃道。

"那必须的呀，我以后就跟着涵璐姐姐了！"俞津满脸崇拜地看着徐涵璐。

徐涵璐继续补充道："另外，需要进行细节测试。从序时账中的审计年度发生的应付职工薪酬借方发生额中抽取金额较大的凭证作为测试样本，检查应付职工薪酬的支付情况，检查是否有相应的付款凭证或领取工资的原始凭证并对其进行核对；单独检查和测试社会保险费（以下简称"社保"，包括医疗、养老、失业、工伤、生育保险费，即"五险"）、住房公积金、工会经费和职工教育经费等的计提是否正确，会计处理是否正确，依据是否充分。"

黄鑫重点强调了一下："小徐说的没错，但是大家要清楚，不同行业所面临的重大错报风险点是不同的，要根据不同行业的特点制定不同的审计方案。蛮先进是生产制造类企业，根据其行业特点，应关注公司的工资结构，一般来说包含两部分：一是固定工资（如行政后勤人员）；二是生产车间工人工资，这里还要看生产工序是否复杂，若工序简单，工资可能相对固定；若工序复杂，工资则可能会采取计件工资来计算。

当然，销售人员的工资需要和销量挂钩，所以大家一定要关注绩效工资的计提基数。要关注工资和业务数据是否匹配，还需额外关注产量和工资的匹配度，进而关注工资与销售数据、成本等是否匹配，这里其实是一环扣一环的，也存在重新计算的过程或者倒着分析出大致区间。"

徐涵璐与俞津听了黄鑫的提点，不约而同地看向对方，果然姜还是老的辣，同时向经理伸出了大拇指。

一旁的家桐虽然听得云里雾里的，但还是很乐意接受大佬的洗礼，一边听取黄鑫与徐姐姐的梳理，一边认真地做着笔记。

"那接下来就是检查应付职工薪酬的分配情况，分析应付职工薪酬贷方发生额，将本期计提的职工薪酬累计数与相关的成本、费用等账户进行核对。最后是期后付款情况与附注信息披露是否恰当。"徐涵璐继续完善着。

黄鑫总结道："Perfect，涵璐说得很到位。总体来说，在应付职工薪酬项目审计中，大家要特别注意以下几点：一是薪酬制度，如销售人员奖金的计提依据，各项工资是否严格按薪酬制度准确计提；二是工资的计提和发放是否存在跨期问题，看计入期间是否错误；三是成本费用的匹配关系，看各项工资计入的科目是否恰当，有没有可能存在人为调整的动机，可以通过人力资源部提供的员工名册，检查有没有将销售人员工资或者管理费用计入生产成本。

接下来呢，就由涵璐带着俞津和家桐来完成蛮先进智能制造有限公司的应付职工薪酬科目的审计工作，有什么问题可以随时沟通，大家开动吧！"黄鑫布置完任务，强调了风险点后，大家就开始进入忙碌状态。

应付职工薪酬审计实质性程序流程如图 7-1 所示。

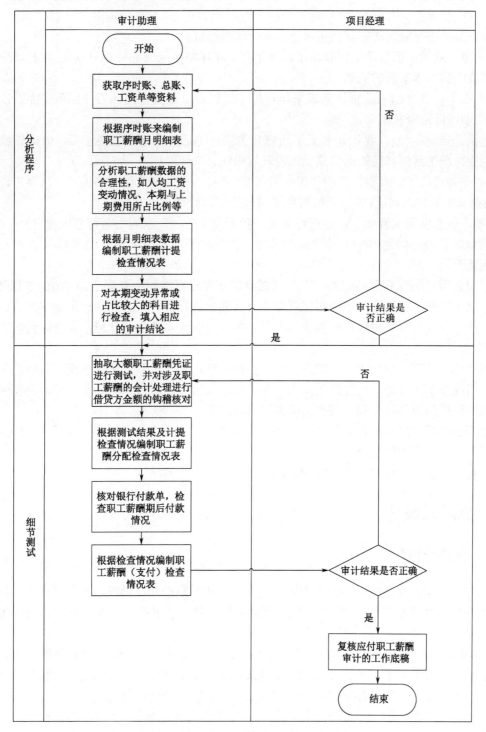

图 7-1 应付职工薪酬审计实质性程序流程

7.2　机器人分析

重庆蛮先进智能制造有限公司审计业务一部办公区。

"一年一度的年报审计工作开始了，年年打工年年愁，天天加班像只猴。"审计助理俞津一进门就听到同事家桐的抱怨。

"怎么了，你才刚来就预计到未来年年愁了？加班总是要有的，万一加薪了呢？淡定，淡定！"俞津回应着家桐。

家桐无奈道："嘻，我还是赶紧干活吧！生活，生活，生下来就要干活，昨天黄经理分给我的应付职工薪酬科目的审计底稿还没开始做呢。"

20 分钟过去了，家桐的话匣子又打开了！"蓝瘦，香菇（难受，想哭）。"从事审计工作 5 年的徐涵璐关切地问道："遇到啥问题了吗，让姐姐给你支支招！"

"唉，就是觉得太麻烦了，数据量太大，我要废了……"家桐生无可恋地说道。

徐涵璐看着一脸愁容的家桐无奈地说道："小伙子，前路漫漫，唯有埋头苦干，加油呀，姐姐看好你！"

家桐之所以觉得麻烦是因为，不仅要对重庆蛮先进智能制造有限公司 2020 年的序时账文件、总账数据进行处理，还要将文件按照会计期间进行拆分，分别筛选出基本工资、其他工资、奖金、福利费等科目，再汇总出各月各类应付职工薪酬的合计值，填制应付职工薪酬月明细表。

然后还要计算本期合计与明细账中合计数的差额，通过差额判断应付职工薪酬是否需要调整。若存在重大波动，还要继续找出存在调整的原因。之后再检查社保、住房公积金等明细项目的计提情况是否合理，根据实际情况给出说明。

家桐在心里默默地将应付职工薪酬审计工作的部分流程梳理了一遍，不禁叹气道："同是天涯打工人，不想踏进公司门！"

应付职工薪酬审计实质性程序业务流程，如图 7-2 所示。

7.3　机器人设计

7.3.1　自动化流程

上午一晃就过去了，家桐的工作进展缓慢，还处于数据处理阶段，家桐正在认真筛选序时账。身边的俞津看不下去了，说道："家桐同学，照你这进度，估计审计工作到明年也完成不了呀！"

"津哥，那你说怎么办嘛，我只有一双眼睛，一个脑袋，一双手，实在是搞不定。呜呜呜，我真地想哭都哭不出来，这会儿真地超级希望有个能听我指挥的机器人，我让他干啥就干啥，那可太好了，想想都觉得美！"家桐既充满无奈，又充满了幻想。

家桐的哭诉似乎瞬间点醒了俞津，他一脸惊喜地看着家桐说："记得之前程所在部门会议上提到我们所正在引入审计机器人团队，说不定机器人真地有望可以帮到你。你找数字化赋能中心的小何问问，把你的情况对他说说，看看会不会有用。"

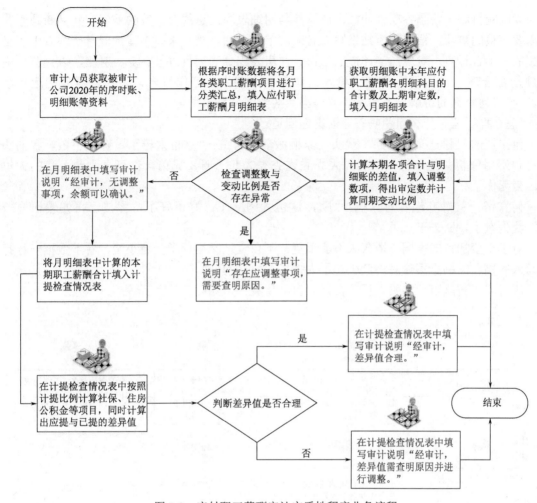

图 7-2　应付职工薪酬审计实质性程序业务流程

说到这里，家桐也立马来劲了："好啊，一会儿就去请小何吃饭，问问他具体情况。"家桐一脸兴奋地说道。

午饭时间，家桐立马殷勤地去找数字化赋能中心的同事何家钰吃饭。

何家钰一边享受着美味的饭菜，一边笑着问家桐："说吧，什么事需要我帮忙呀，这顿饭应该不是白吃的吧！"

家桐一脸不好意思地说道："这都被你看穿了，咱们所不是在搞审计机器人研发嘛，想问问你，现在是个啥情况了，能用了不？"

何家钰一脸自豪地说道："说到审计机器人呀，你可是问对人了，目前研发的机器人完全可以上线使用了，给我讲讲你的情况，看我能不能帮到你，毕竟这饭我也不能白吃嘛。"

家桐心里早就乐开了花，随后便滔滔不绝地讲了自己的要求。饭后家桐哼着小曲回到办公室，俞津看着一脸得意的家桐就知道，审计机器人的事情有着落了。

午休过后，何家钰便带着审计机器人小蛮来了，他娴熟地演示了审计机器人的自动化操作："机器人小蛮自动从 2020 年蛮先进智能制造有限公司序时账文件中按照会计期间，分月提取数据，接着自动从各月份数据表中筛选基本工资、其他工资、奖金、福利费等字段，汇总出各月各类应付职工薪酬的合计数，并填入应付职工薪酬月明细表。然后，机器人从明细账中读取应付职工薪酬各项合计数，计算其与明细表中汇总的合计数的差值，并判断是否存在需要调整的事项，根据判断结果写入对应的审计说明。接下来，小蛮读取月明细表中职工薪酬的本年合计数，对应当年计提的社保、住房公积金等项目进行计算、对比，以判断计提金额是否合理，最后将审计说明填入工作底稿，并生成工作日志，记录机器人的运行状态。"听了何家钰的讲解，家桐站在办公桌旁边看得意犹未尽。

"怎么样，还有什么问题吗？"何家钰问道。

何家钰的问题把家桐拉回了现实，家桐激动地答道："这也太棒了，有了小蛮，我的头顶再也不用像机关枪一样，秃秃秃秃秃秃秃秃秃秃！天呀，兄弟，你可真是帮了我的大忙了，爱死你了！"

何家钰一脸嫌弃地看着家桐："咦，这也太肉麻了，好了好了，你自己再慢慢研究一下，我先撤了，回去干活了。"

有了小蛮加持的家桐心情久久不能平复，不自觉地又运行了一遍小蛮，看着数据一行行地写入底稿，家桐忍不住对小蛮竖起了大拇指："小蛮真帅！"

应付职工薪酬审计实质性程序机器人自动化流程，如图 7-3 所示。

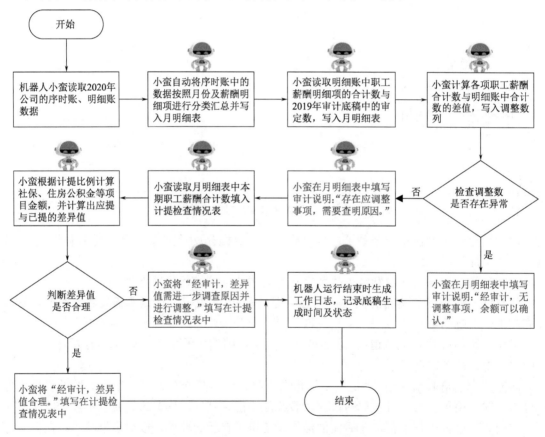

图 7-3 应付职工薪酬审计实质性程序机器人自动化流程

7.3.2 数据标准与规范

1. 审计数据采集

应付职工薪酬实质性程序审计机器人的数据来源主要为账表。机器人从 Excel 格式的序时账文件中提取各项应付职工薪酬数据进行计算；提取 Excel 格式的底稿中上年应付职工薪酬的审定数用于对比分析；从 Excel 格式的应付职工薪酬明细表中读取本年审定的职工薪酬数据。

应付职工薪酬实质性程序审计机器人数据采集如表 7-1 所示。

表 7-1　应付职工薪酬实质性程序审计机器人数据采集

数据来源	数据内容		文件类型
序时账	基本工资	奖金	Excel
明细账	其他工资	福利费	Excel
底稿	上年审定数	本年审定数	Excel

2. 审计数据处理

机器人获取数据后，首先需要进行数据清洗，按月对序时账文件中所发生的应付职工薪酬会计处理进行拆分。其次要进行数据求和，计算应付职工薪酬二级科目各月总额；计算各月各类应付职工薪酬结构占比、变动额、变动比例，检查是否存在异常；计算本期各类应当计提的应付职工薪酬，检查是否合理。

应付职工薪酬实质性程序审计机器人数据处理如表 7-2 所示。

表 7-2　应付职工薪酬实质性程序审计机器人数据处理

数据清洗		数据计算		数据分析	
方法	主要内容	方法	主要内容	方法	主要内容
筛选	根据应付职工薪酬类别筛选数据	求和	各类职工薪酬 12 个月份的金额	对比	对比本期数据与上期数据的差值
合并	按月份合并各类职工薪酬数据	求差值	本期数据与上期数据之间的差值	判断	判断本期数据变动比率是否异常

3. 审计底稿与报告

应付职工薪酬实质性程序审计机器人的主要审计底稿与报告包括应付职工薪酬月明细表、应付职工薪酬计提检查情况表、机器人运行日志等，具体的功能描述如表 7-3 所示。

表 7-3　应付职工薪酬实质性程序审计机器人的主要审计底稿与报告

底稿名称	底稿描述
应付职工薪酬月明细表	记录月度各类应付职工薪酬数据，以及与上期数据之间的赋值
应付职工薪酬计提检查情况表	记录各类应付职工薪酬计提数据，以及应计提金额
机器人运行日志	记录机器人运行时间以及状态

4. 表格设计

（1）应付职工薪酬月明细表。

应付职工薪酬月明细表作为职工薪酬审计底稿的基础底稿之一，主要展示了各类薪酬明细科目各月发生额、结构占比以及与上年变动情况等内容，如图 7-4 所示。

被审计单位:重庆壹先进智能制造有限公司　　编制：　　日期：2021/1/23　　索引号：FG-002
报表期间：2020年01月—2020年12月　　复核：　　日期：2021/1/25　　项目：应付职工薪酬-月明细表

上级科目名称	项目	1月	2月	3月	4月	5月	6月	7月	8月	9月	10月	11月	12月	本期合计	结构比	调整数	审定数	上年		变动额	变动比例
																		同期合计	结构比		
\应付职工薪酬\应付工资	奖金													-	#DIV/0!	-			#DIV/0!	-	#DIV/0!
\应付职工薪酬\职工福利	福利费													-	#DIV/0!	-			#DIV/0!	-	#DIV/0!
\应付职工薪酬\社会保险费	医疗保险													-	#DIV/0!	-			#DIV/0!	-	#DIV/0!
\应付职工薪酬\社会保险费	养老保险													-	#DIV/0!	-			#DIV/0!	-	#DIV/0!
\应付职工薪酬\社会保险费	失业保险													-	#DIV/0!	-			#DIV/0!	-	#DIV/0!
\应付职工薪酬\社会保险费	工伤保险													-	#DIV/0!	-			#DIV/0!	-	#DIV/0!
\应付职工薪酬\社会保险费	生育保险													-	#DIV/0!	-			#DIV/0!	-	0.00%
\应付职工薪酬	住房公积金													-	#DIV/0!	-			#DIV/0!	-	#DIV/0!
\应付职工薪酬	工会经费													-	#DIV/0!	-			#DIV/0!	-	#DIV/0!
\应付职工薪酬	职工教育经费													-	#DIV/0!	-			#DIV/0!	-	#DIV/0!
\应付职工薪酬	辞退福利													-	#DIV/0!	-			#DIV/0!	-	#DIV/0!
\应付职工薪酬	离职后福利													-	#DIV/0!	-			#DIV/0!	-	#DIV/0!
\应付职工薪酬	非货币性福利													-	#DIV/0!	-			#DIV/0!	-	0.00%
\应付职工薪酬	以现金结算的股份支付													-	#DIV/0!	-			#DIV/0!	-	0.00%
合　计		-	-	-	-	-	-	-	-	-	-	-	-	-	100.00%	-		-	100.00%	-	
各月比率		#DIV/0!	#DIV/0!	#DIV/0!	#DIV/0!	#DIV/0!	#DIV/0!	#DIV/0!	#DIV/0!	#DIV/0!	#DIV/0!	#DIV/0!	#DIV/0!	100.00%							

审计说明：

图 7-4　应付职工薪酬月明细表样表

（2）应付职工薪酬计提检查情况表。

应付职工薪酬计提检查情况表用于记录并检查是否对国家规定的计提基础和计提比例对职工薪酬（如失业保险金、工伤保险金等），按照规定的计提基础和比例进行计提，如图 7-5 所示。

被审计单位：重庆壹先进智能制造有限公司　　编制：　　日期：2021/1/23　　索引号：FG-004
报表截止日：2020年12月31日　　复核：　　日期：2021/1/25　　项目：应付职工薪酬-计提检查情况表

项目名称	放入科目	已计提金额	应计提基数	计提比率	应计提金额	应提与已提的差异	备注
1. 基本工资	221101 工资	-	-	100.00%	-	-	
2. 其他工资		-	-	100.00%	-	-	
3. 奖金		-		100.00%	-	-	
4. 应付福利费（职工福利）	221102 职工福利	-	-	14.00%	-	-	
5. 社会保险费（1）医疗保险费	22110502 医疗保险	-	-	10.00%	-	-	
(2)养老保险费	22110501 养老保险	-	-	19.00%	-	-	
(3)失业保险费	22110503 失业保险	-	-	1.30%	-	-	
(4)工伤保险费	22110505 工伤保险	-	-	0.50%	-	-	
(5)生育保险费	22110504 生育保险	-	-	1.00%	-	-	
6. 住房公积金	221107 住房公积金	-	-	12.00%	-	-	
7. 工会经费	221103 工会经费	-	-	2.00%	-	-	
8. 职工教育经费	221104 职工教育经费	-	-	1.50%	-	-	
9. 辞退福利	221105 辞退福利	-			-	-	
10. 离职后福利	221106 离职后福利	-			-	-	
11. 非货币性福利		-			-	-	
12. 以现金结算的股份支付		-			-	-	
......		-			-	-	
合　计	—	-	—	—	-	-	

审计说明：

1. 对不符事项的处理
2. . . .

图 7-5　应付职工薪酬计提检查情况样表

（3）机器人运行日志。

机器人运行日志主要用于记录机器人的工作状态，它将月明细表与计提检查情况表编制的运行时间及完成状态记录下来以供追溯，如图 7-6 所示。

机器人运行开始时间	月明细表生成状态	生成时间	计提检查情况表生成状态	生成时间

图 7-6　机器人运行日志样表

7.4　机器人开发

7.4.1　技术路线

应付职工薪酬实质性程序审计机器人开发包括审计数据采集与清洗、编制应付职工薪酬月明细表、编制应付职工薪酬计提检查情况表、生成机器人运行日志四个模块。

首先，利用打开 Excel 工作簿、读取区域、构建数据表、查找数据等活动实现审计数据的采集与清洗；其次，通过激活工作表、写入行、依次读取数组中每个元素等活动将清洗过的数据进行数据迁移和计算，生成职工薪酬月明细表；接着，机器人利用变量赋值、如果条件成立则执行后续操作、写入单元格等活动根据职工薪酬月明细表完成职工薪酬计提检查情况表；最后，机器人根据运行情况生成机器人运行日志，记录机器人的运行状态以及底稿的生成时间。

应付职工薪酬实质性程序审计机器人开发的具体技术路线如表 7-4 所示。

表 7-4　机器人开发技术路线

模块	功能描述	使用的活动
审计数据采集与清洗	打开从本地获取的"重庆蛮先进智能制造有限公司2020 年序时账"文件，读取序时账文件中的数据	打开 Excel 工作簿
		读取区域
		构建数据表
	将序时账文件内容按照会计期间、职工薪酬类别进行分类	查找数据
		数据切片
	打开从本地获取的"重庆蛮先进智能制造有限公司2020 年明细账"，读取职工薪酬各项明细汇总数据	打开 Excel 工作簿
		读取区域
	打开从本地获取的"FG 应付职工薪酬底稿（审计2019 年）"文件，读取 2019 年职工薪酬的计提数据	打开 Excel 工作簿
		读取区域
编制应付职工薪酬月明细表	将筛选的各类职工薪酬数据写入"FG 应付职工薪酬底稿（审计 2020 年）"	激活工作表
		写入行
	将筛选的各类薪酬明细数据与明细账中的汇总数进行对比，计算调整数	写入区域
		读取区域
	判断调整数是否为零，根据不同情况写入相应的审计结论	依次读取数组中每个元素
		如果条件成立则执行后续操作

模块	功能描述	使用的活动
编制应付职工薪酬计提检查情况表	读取月明细表文件中筛选汇总的数据	读取区域
		依次读取数组中每个元素
	将读取出的数据写入计提检查情况表的相应位置，并计算出应计提与已计提薪酬金额的差值，判断差值是否异常后写入审计结论	写入行
		变量赋值
		如果条件成立则执行后续操作
		写入单元格
生成机器人运行日志	记录机器人运行时间、结束时间等数据	获取时间
		格式化时间

7.4.2 开发步骤

1．搭建流程整体框架

步骤一：打开 UiBot Creator 软件，新建流程，并将其命名为"应付职工薪酬实质性程序审计机器人"。

步骤二：拖入 4 个"流程块"和 1 个"结束"至流程图设计主界面，并连接起来。流程块描述修改为：审计数据采集与清洗、编制月明细表、编制计提检查情况表和生成机器人运行日志。UiBot Creator 流程图设计主界面如图 7-7 所示。

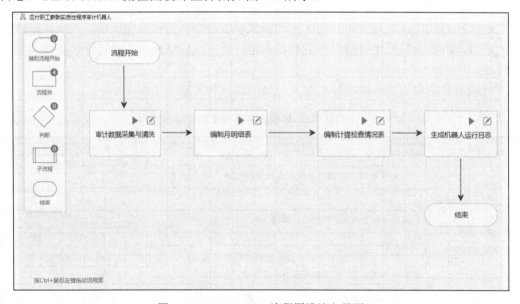

图 7-7　UiBot Creator 流程图设计主界面

步骤三：在主界面右侧"流程图"处创建 5 个流程图变量，分别命名为：完整数据、运行日志、objExcelWorkBook、上年同期、明细账汇总数，并设置变量类型，如图 7-8 所示。注意：完整数据与工作日志变量的类型都为数组。

步骤四：准备数据。首先，打开"应付职工薪酬实质性程序审计机器人"流程文件夹，在"res"文件夹中放入"机器人运行日志 Excel 文件"并创建 3 个文件夹，分别命名为"模板文件"、"审计底稿"和"数据文件"，然后在"模板文件"中放入 2020 年应付职工薪酬审计底稿模板文件，在"审计底稿"文件夹存放最后生成的应付职工薪酬审计底稿，在"数据文件"中放入 2019 年应付职工薪酬审计底稿、2020 年重庆蛮先进智能制造有限公司序时账和明细账三个 Excel 文件，如图 7-9 所示。

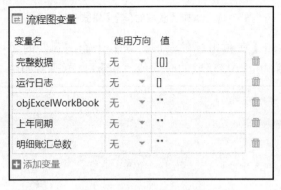

图 7-8　创建流程图变量

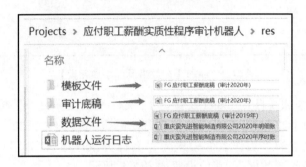

图 7-9　数据准备

2．审计数据采集与清洗

步骤五：单击"流程开始"，进入"审计数据采集与清洗"流程编辑界面，如图 7-10 所示。

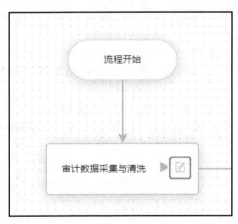

图 7-10　单击"流程开始"

步骤六：在左侧的"搜索命令"栏中先后搜索"获取时间"与"格式化时间"，添加【获取时间】，然后添加【格式化时间】，属性设置保持默认，添加完成后如图 7-11 所示。

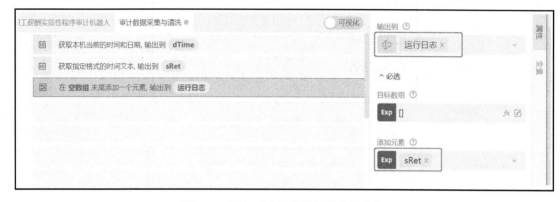

图 7-11 添加【获取时间】【格式化时间】

步骤七：搜索并添加【在数组尾部添加元素】，"输出到"的属性设置为"运行日志"，"添加元素"的属性设置为上一步获取的时间值"sRet"，更改后如图 7-12 所示。

图 7-12 添加【在数组尾部添加元素】

步骤八：搜索并添加【打开 Excel 工作簿】，文件路径设置为"数据文件\\重庆蛮先进智能制造有限公司 2020 年序时账.xlsx"，如图 7-13 所示。接下来，添加【读取区域】，读取序时账中的数据，属性中的"工作表"设置为"会计分录序时簿"，"区域"设置为"A1"，"输出到"设置为"序时账数据"，其他设置如表 7-5 所示。

图 7-13 添加【打开 Excel 工作簿】【读取区域】

表 7-5 【读取区域】具体属性设置

活动名称	属性	值
读取区域	输出到	序时账数据
	工作簿对象	objExcelWorkBook
	工作表	会计分录序时簿
	区域	A1

步骤九：搜索并添加【构建数据表】，属性中的"构建数据"设置为"序时账数据"，"输出到"设置为"objDatatable"，"表格列头"设置为"["日期","会计期间","凭证字号","分录号","摘要","科目代码","科目名称","币别","原币金额","借方","贷方","制单","审核","过账

"]"，如图 7-14 所示。然后，添加【获取行数】，属性中的"工作表"设置为"会计分录序时簿"，"输出到"设置为"iRet"，其他设置如表 7-6 所示。

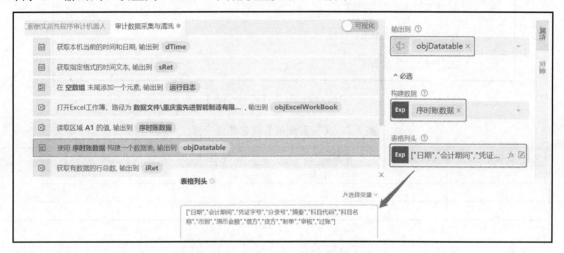

图 7-14 设置【构建数据表】属性

表 7-6 【获取行数】具体属性设置

活动名称	属性	值
获取行数	输出到	iRet
	工作簿对象	objExcelWorkBook
	工作表	会计分录序时簿

步骤十：搜索并添加【变量赋值】，创建变量"会计期间"，其值设置为"["2020.1"，"2020.2"，"2020.3"，"2020.4"，"2020.5"，"2020.6"，"2020.7"，"2020.8"，"2020.9"，"2020.10"，"2020.11"，"2020.12"]"，如图 7-15 所示。然后，再添加三个【变量赋值】，如图 7-16 所示，创建变量"会计期间索引"、"月份数据"和"完整数据"，变量的类型均为空数组，具体的属性设置如表 7-7 所示。

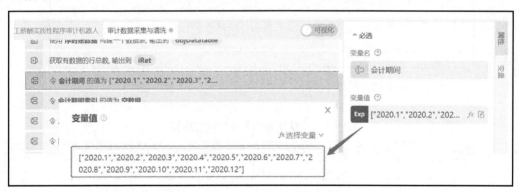

图 7-15 设置【变量赋值】属性

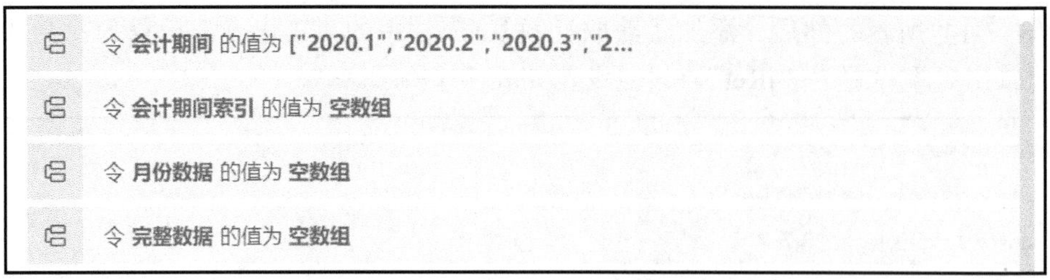

图 7-16　添加三个【变量赋值】

表 7-7　【变量赋值】具体属性设置

序号	变量名	变量值
1	会计期间索引	[]
2	月份数据	[]
3	完整数据	[]

步骤十一：搜索并添加【依次读取数组中每个元素】，用来对会计期间进行循环读取，然后在【依次读取数组中每个元素】内部添加【查找数据】，如图 7-17 所示；【查找数据】的具体属性设置如表 7-8 所示，属性中的"工作表"设置为"会计分录序时簿"，"区域"设置为"A1"，"查找数据"设置为"value"，"返回索引"设置为"是"；接下来添加【在数组尾部添加元素】，"目标数组"和"输出到"均设置为"会计期间索引"，"添加元素"设置为"objRet[0]"，如图 7-18 所示；在【依次读取数组中每个元素】外再添加一个【在数组尾部添加元素】，"目标数组"和"输出到"均设置为"会计期间索引"，"添加元素"设置为"iRet"，如图 7-19 所示。

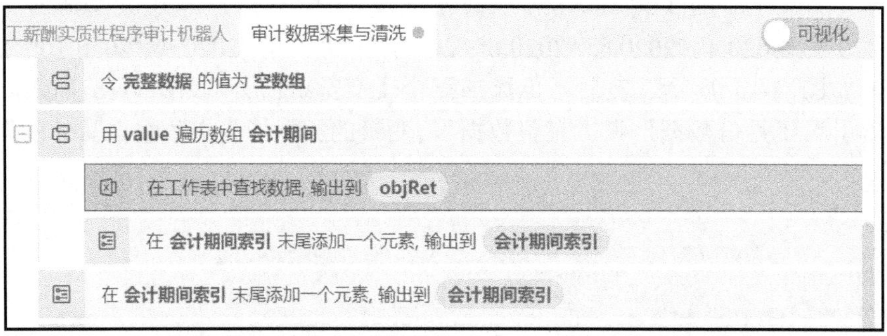

图 7-17　添加【依次读取数组中每个元素】【查找数据】

表 7-8　【查找数据】具体属性设置

活动名称	属性	值
查找数据	输出到	iRet
	工作簿对象	objExcelWorkBook
	工作表	会计分录序时簿
	区域	A1
	查找数据	value
	返回索引	是
	全部返回	否

步骤十二：添加【变量赋值】，"变量名"设置为"查询表"，"变量值"设置为"["基本工资","其他工资","奖金","应付福利费","医疗保险","基本养老保险","失业险","工伤费","生育费","住房公积金","工会经费","职工教育经费","辞退福利","离职后福利"]"，如图 7-20 所示。

图 7-18 设置第一个【在数组尾部添加元素】

图 7-19 设置第二个【在数组尾部添加元素】

图 7-20 添加并设置【变量赋值】

步骤十三：添加【依次读取数组中每个元素】，用 value2 来循环读取查询表；在【依次读取数组中每个元素】内添加【变量赋值】，"变量名"设置为"n"，"变量值"设置为"0"；然后添加【从初始值开始按步长计数】，具体设置如图 7-21 所示。接下来在其内部添加【数据切片】，输出到"objDatatable1"，"行切片"设置为"[会计期间索引[n],会计期间索引[n+1]]"，"列切片"设置为"["日期","会计期间","凭证字号","分录号","摘要","科目代码","科目名称","币别","原币金额","借方","贷方","制单","审核","过账"]"，如图 7-22 所示；进而再添加【转换为数组】，具体设置如图 7-23 所示。

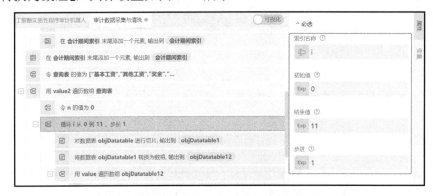

图 7-21 设置第一个【依次读取数组中每个元素】

图 7-22　设置【数据切片】

图 7-23　设置【转换为数组】

步骤十四：继续在【从初始值开始按步长计数】中操作，添加第二个【依次读取数组中每个元素】，循环读取数组 objDatatable12；添加【查找字符串】，查找内容为"应付职工薪酬"，目标字符串为"value[6]"，输出到"iRet"，用来查找应付职工薪酬出现的位置，如图 7-24 所示；然后在【依次读取数组中每个元素】内添加【如果条件成立则执行后续操作】，判断表达式为 iRet<>0，再在条件分支内添加【查找字符串】，查找内容为"value2"，目标字符串为"value[6]"，输出到"iRet"，如图 7-25 所示；进而在条件分支内再添加一个【如果条件成立则执行后续操作】，判断表达式为 iRet<>0；最后在新添加的条件分支中添加【转为整数数据】，转换对象设置为"value[10]"，输出到"iRet"；再添加一个【变量赋值】，变量名设置为"金额"，变量值为"金额+iRet"，如图 7-24 所示。

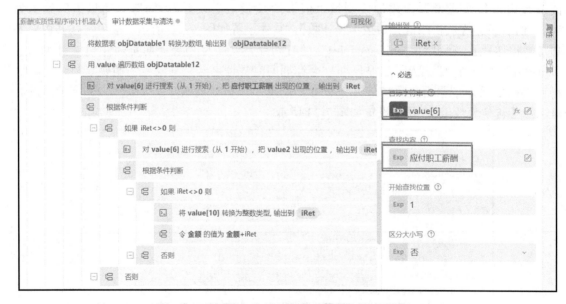

图 7-24　设置第二个【依次读取数组中每个元素】

图 7-25　设置【查找字符串】

步骤十五：继续在【从初始值开始按步长计数】中进行操作，添加【在数组尾部添加元素】，"添加元素"设置为"金额"，如图 7-26 所示；再添加两个【变量赋值】，具体设置如表 7-9 序号 1、2 所示；然后在【从初始值开始按步长计数】外部再添加一个【在数组尾部添加元素】，"目标数组"设置为"月份数据"；接下来添加一个【变量赋值】，具体设置如表 7-9 序号 3 所示；最后在【依次读取数组中每个元素】外部添加【关闭 Excel 工作簿】。

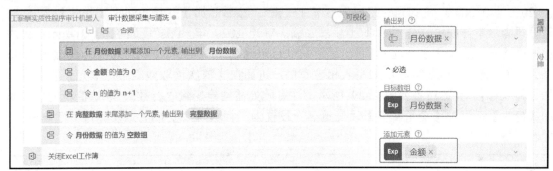

图 7-26　设置【查找字符串】

表 7-9　【变量赋值】具体属性设置

序号	变量名	变量值
1	金额	0
2	n	n+1
3	月份数据	[]

步骤十六：添加【打开 Excel 工作簿】，文件路径设置为"数据文件\\重庆蛮先进智能制造有限公司 2020 年明细账.xlsx"，如图 7-27 所示；然后添加【读取区域】，读取明细账汇总表中 2020 年各薪酬明细项汇总数据，工作表设置为""明细账汇总表""，区域为""P7:P22""，

输出到"明细账汇总数";再添加一个【关闭 Excel 工作簿】。

接下来再添加一个【打开 Excel 工作簿】,文件路径设置为"数据文件\\FG 应付职工薪酬底稿(审计 2019 年).xls";进而添加【读取区域】,读取 2019 年月明细账汇总数,"工作表"设置为""月明细表"","区域"设置为""T9:T24"",输出到"上年同期";最后再添加一个【关闭 Excel 工作簿】。

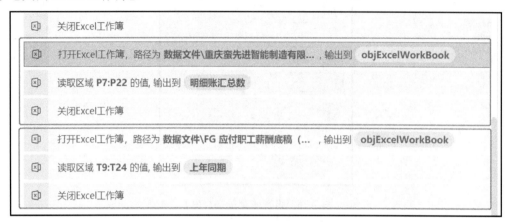

图 7-27　读取"明细账汇总数"与"上年同期"

至此,"审计数据采集与清洗"流程块编辑完毕。

3．编制月明细表

步骤十七:添加【复制文件】,文件路径设置为"审计底稿\\FG 应付职工薪酬底稿(审计 2020 年).xls",复制到的路径为"审计底稿";然后添加【打开 Excel 工作簿】,文件路径设置为"审计底稿\\FG 应付职工薪酬底稿(审计 2020 年).xls",如图 7-28 所示;再添加一个【激活工作表】,"工作表"设置为""月明细表"";接下来添加【依次读取数组中每个元素】,遍历完整数据,用来写入相应底稿;进而在【依次读取数组中每个元素】里面添加【写入行】,具体设置如图 7-29 所示,注意此处需创建变量"行数",默认值设为 9;添加【延时】后添加【变量赋值】,"变量名"设置为"行数","变量值"设置为"行数+1",如图 7-28 所示。

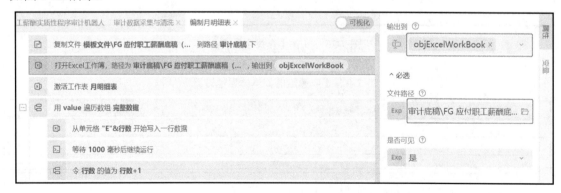

图 7-28　添加【打开 Excel 工作簿】【遍历数组】

图 7-29　设置【写入行】

步骤十八：在【依次读取数组中每个元素】外部再添加两个【写入区域】，一个【读取区域】，具体设置如图 7-30、图 7-31 和图 7-32 所示。

图 7-30　添加【写入区域】、【读取区域】

步骤十九：添加【变量赋值】，"变量名"设置为"审计说明"，"变量值"设置为""经审计，无调整事项，余额可以确认。""；然后添加【依次读取数组中每个元素】，遍历之前读取的调整数，进而在【依次读取数组中每个元素】内添加【转为小数数据】；之后添加【如果条件成立则执行后续操作】，判断表达式为 dRet<>0；再在【如果条件成立则执行后续操作】内部添加一个【变量赋值】，"变量名"设置为"审计说明"，"变量值"设置为""存在调整事项，需查明原因。""；接下来添加【跳出循环】；最后在【依次读取数组中每个元素】外部添加【写入单元格】，"工作表"设置为""月明细表""，"单元格"设置为""C31""，"数据"设置为"审计说明"，完成后如图 7-33 所示。

图 7-31　设置第一个【写入区域】

图 7-32　设置第二个【写入区域】

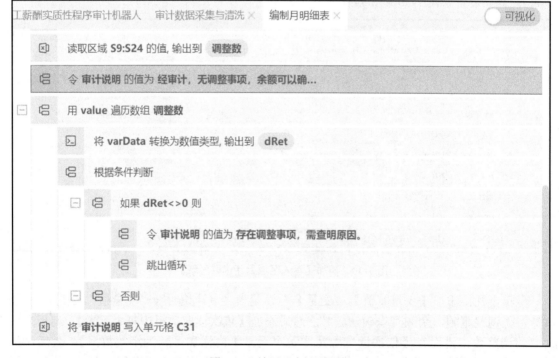

图 7-33　填写"审计说明"

步骤二十：依次添加【在数组尾部添加元素】【获取时间】【格式化时间】，然后再添加一个【在数组尾部添加元素】，"目标数组"和"输出到"均设置为"工作日志"，第一个添加元素设置为""成功""，第二个添加元素设置为"sRet"，完成后如图 7-34 所示。

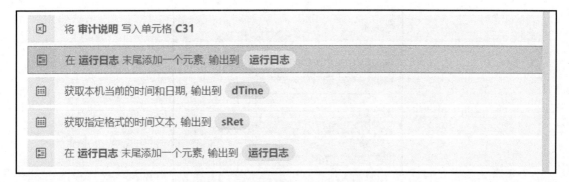

图 7-34　设置【在数组尾部添加元素】

至此，"编制月明细表"流程块编辑完毕。

4．编制计提检查情况表

步骤二十一：添加【读取区域】，"工作表"设置为"月明细表"，"区域"选择"Q9:Q24"，"输出到"设置为"已计提金额"，如图 7-35 所示；然后添加【激活工作表】，"工作表"设置为"计提检查情况表"；接下来添加【依次读取数组中每个元素】，遍历刚刚读取的已计提金额，进而在【依次读取数组中每个元素】中添加【写入行】，具体设置如图 7-36 所示；再添加一个【变量赋值】，"变量名"设置为"行数"，"变量值"设置为"行数+1"，注意此处需创建变量"行数"，默认值设为 6；最后再添加【读取单元格】，"工作表"设置为""计提检查情况表""，单元格为""H23""，输出到"差异数"。

图 7-35　遍历"已计提金额"

步骤二十二：添加【变量赋值】，变量名设置为"审计说明"，变量值为"差异原因主要为五险一金的计提比例是根据社会工资，不是应发工资"，如图 7-37 所示；然后添加【如果条件成立则执行后续操作】，判断表达式设置为差异数< >0；接下来在【如果条件成立则执行后续操作】中添加【写入单元格】，具体属性设置如图 7-38 所示；进而在【如果条件成立则执行后续操作】外部添加【变量赋值】，"变量名"设置为"审计说明"，"变量值"设置为"经审计，应计提与已计提无差异，金额可确认。"；最后再添加一个【关闭 Excel 工作簿】。

图 7-36 设置【写入行】

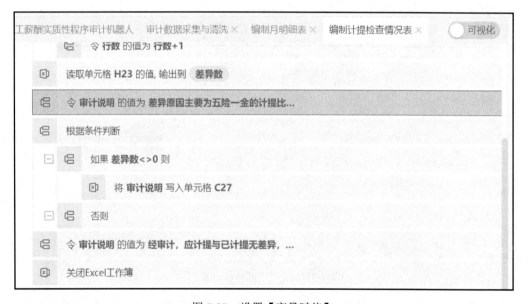

图 7-37 设置【变量赋值】

步骤二十三：依次添加【在数组尾部添加元素】【获取时间】【格式化时间】，然后再添加一个【在数组尾部添加元素】，"目标数组"和"输出到"均设置为"运行日志"，其中第一个添加元素设置为"成功"，第二个添加元素设置为"sRet"，完成后如图 7-39 所示。

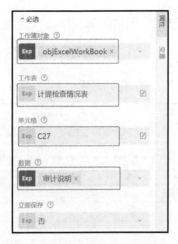

图 7-38 设置【写入单元格】

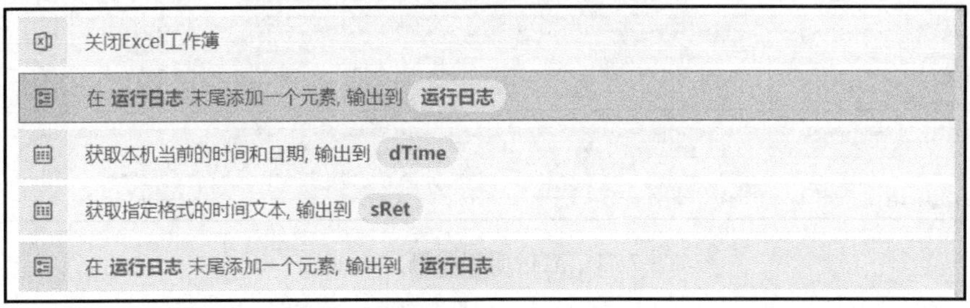

图 7-39 设置【在数组尾部添加元素】

至此,"编制计提检查情况表"流程块编辑完毕。

5．生成机器人运行日志

步骤二十四:添加【打开 Excel 工作簿】,文件路径设置"机器人运行日志.xlsx",然后添加【获取行数】,"工作表"设置为"Sheet1";接下来添加【变量赋值】,"变量名"设置为"iRet","变量值"设置为"iRet+1";再添加【写入行】,"工作表"设置为"Sheet1","单元格"设置为""A"&iRet","数据"设置为"运行日志",如图 7-40 所示;最后添加一个【关闭 Excel 工作簿】。

图 7-40 设置【写入行】

至此，“生成机器人运行日志”流程块编辑完毕。

结果展示：

（1）应付职工薪酬月明细表。

运行结束，应付职工薪酬月明细表填制完成，如图 7-41 所示。

被审计单位：重庆营先进智能制造有限公司　　编制：　　日期：2021/1/23　　索引号：FG-002
报表期间：2020年01月—2020年12月　　复核：　　日期：2021/1/25　　项目：应付职工薪酬-月明细表

上级科目名称	项目	1月	2月	3月	4月	5月	6月	7月	8月	9月	10月	11月	12月	本期合计	结构比	调整数	审定数	上年		变动额	变动比例
																		同期合计	结构比		
\应付职工薪酬\应付工资	基本工资	617,684.00	611,667.00	627,670.00	660,430.00	697,145.00	616,361.00	617,209.00	628,733.00	629,559.00	614,124.00	506,991.00	662,719.00	7,390,292.00	17.60%	-	7,390,292.00	7,384,359.42	17.95%	5,932.58	0.08%
\应付职工薪酬\应付工资	其他工资	-	5,100.00	5,000.00	-	-	-	2,000.00	113,961.00	27,948.00	13,250.00	12,005.00	12,005.00	191,269.00	0.46%	-	191,269.00	189,121.11	0.46%	2,147.89	1.14%
\应付职工薪酬\应付工资	奖金	1,779,122.00	1,585,787.00	1,449,607.00	1,772,981.00	1,723,203.00	1,898,838.00	1,732,713.00	1,934,477.00	2,062,655.00	1,983,167.00	1,543,296.00	1,936,593.00	21,402,439.00	50.96%	-	21,402,439.00	21,305,399.00	51.80%	97,040.00	0.46%
\应付职工薪酬\职工福利	福利费	163,973.00	179,558.00	177,255.00	179,557.00	172,301.00	189,193.00	198,813.00	259,058.00	216,675.00	244,487.00	180,509.00	197,288.00	2,358,667.00	5.62%	-	2,358,667.00	2,128,019.19	5.17%	230,647.81	10.84%
\应付职工薪酬\社会保险费	医疗保险	172,762.00	186,687.00	166,616.00	169,613.00	186,839.00	178,637.00	198,003.00	183,893.00	192,663.00	198,832.00	201,794.00	216,059.00	2,242,297.00	5.34%	-	2,242,297.00	2,278,133.23	5.54%	-35,836.23	-1.57%
\应付职工薪酬\社会保险费	养老保险	373,313.00	360,738.00	369,183.00	399,280.00	392,349.00	449,942.00	415,169.00	452,608.00	421,654.00	454,381.00	389,169.00	470,712.00	4,938,478.00	11.76%	-	4,938,478.00	4,339,153.97	10.55%	599,324.03	13.81%
\应付职工薪酬\社会保险费	失业保险	21,354.00	20,658.00	20,574.00	22,719.00	1,603.00	1,661.00	1,617.00	17,505.00	13,851.00	12,793.00	11,787.00	3,423.00	149,545.00	0.36%	-	149,545.00	120,339.63	0.29%	29,205.37	24.27%
\应付职工薪酬\社会保险费	工伤保险	-	-	-	-	-	-	1,284.00	-	-	-	-	-	1,284.00	0.00%	-	1,284.00	1,090.76	0.00%	193.24	17.72%
\应付职工薪酬\社会保险费	生育保险	-	-	-	-	-	-	-	-	-	-	-	-	-	0.00%	-	-	-	0.00%	-	0.00%
\应付职工薪酬	住房公积金	236,141.00	238,094.00	224,694.00	216,979.00	211,818.00	219,477.00	217,031.00	266,916.00	264,952.00	240,146.00	237,686.00	283,890.00	2,835,723.00	6.75%	-	2,835,723.00	2,450,368.00	5.96%	385,355.00	15.73%
\应付职工薪酬	工会经费	42,954.00	40,886.00	41,647.00	46,923.00	45,343.00	47,925.00	47,385.00	51,757.00	51,009.00	52,660.00	48,525.00	50,173.00	567,187.00	1.35%	-	567,187.00	535,020.43	1.30%	32,166.57	6.01%
\应付职工薪酬	职工教育经费	32,215.00	30,665.00	31,235.00	35,192.00	34,007.00	35,944.00	35,539.00	38,818.00	38,257.00	39,495.00	36,394.00	37,630.00	425,391.00	1.01%	-	425,391.00	384,240.13	0.93%	41,150.87	10.71%
\应付职工薪酬	辞退福利	14,451.00	-	-	-90,856.00	-	-	-	-	-	-	-	-	-76,405.00	-0.18%	-	-76,405.00	5,740.00	0.00	-82,145.00	-1431.10%
\应付职工薪酬	离职后福利	-	-	-	-	-	-	-76,405.00	-	-268,492.00	-	-	-85,694.00	-430,591.00	-1.03%	-	-430,591.00	12,000.00	0.00	-442,591.00	-3688.26%
\应付职工薪酬	非货币性福利													-	0.00%	-	-	-	-	-	0.00%
\应付职工薪酬	以现金结算的股份支付													-	0.00%	-	-	-	-	-	0.00%
合　计		3,452,969.00	3,259,840.00	3,103,480.00	3,401,778.00	3,364,608.00	3,637,978.00	3,390,378.00	3,937,725.00	3,640,631.00	3,853,335.00	3,168,056.00	3,784,796.00	41,995,576.00	100.00%	-		41,132,984.87	100.00%	862,591.13	
各月比率		8.22%	7.76%	7.39%	8.10%	8.01%	8.66%	8.07%	9.38%	8.67%	9.18%	7.54%	9.01%	100.00%							

审计说明：

经审计，无调整事项，余额可以确认。

图 7-41　应付职工薪酬月明细表

（2）应付职工薪酬计提检查情况表。

运行结束，应付职工薪酬计提检查情况表填制完成，如图 7-42 所示。

被审计单位：重庆营先进智能制造有限公司　　编制：　　日期：2021/1/23　　索引号：FG-004
报表截止日：2020年12月31日　　复核：　　日期：2021/1/25　　项目：应付职工薪酬-计提检查情况表

项目名称	放入科目	已计提金额	应计提基数	计提比率	应计提金额	应提与已提的差异	备注
1. 基本工资	221101 工资	7,390,292.00	7,390,292.00	100.00%	7,390,292.00	-	
2. 其他工资		191,269.00	191,269.00	100.00%	191,269.00	-	
3. 奖金		21,402,439.00		100.00%	-	-21,402,439.00	
4. 应付福利费（职工福利）	221102 职工福利	2,358,667.00	7,581,561.00	14.00%	1,061,418.54	-1,297,248.46	
5. 社会保险费 (1) 医疗保险费	22110502 医疗保险	2,242,297.00	7,581,561.00	10.00%	758,156.10	-1,484,140.90	
(2) 养老保险费	22110501 养老保险	4,938,478.00	7,581,561.00	19.00%	1,440,496.59	-3,497,981.41	
(3) 失业保险费	22110503 失业保险	149,545.00	7,581,561.00	1.30%	98,560.29	-50,984.71	
(4) 工伤保险费	22110505 工伤保险	1,284.00	7,581,561.00	0.50%	37,907.81	36,623.81	
(5) 生育保险费	22110504 生育保险	-	7,581,561.00	1.00%	75,815.61	75,815.61	
6. 住房公积金	221107 住房公积金	2,835,723.00	7,581,561.00	12.00%	909,787.32	-1,925,935.68	
7. 工会经费	221103 工会经费	567,187.00	7,581,561.00	2.00%	151,631.22	-415,555.78	
8. 职工教育经费	221104 职工教育经费	425,391.00	7,581,561.00	1.50%	113,723.42	-311,667.59	
9. 辞退福利	221105 辞退福利	-76,405.00			-	-	
10. 离职后福利	221106 离职后福利	-430,591.00			-	-	
11. 非货币性福利		-			-	-	
12. 以现金结算的股份支付		-			-	-	
......		-			-	-	
合　计	——	41,995,576.00	——	——	12,229,057.89	-30,273,514.11	

审计说明：

1. 对不符事项的处理

2. . . .

经审计，差异值需查明原因并进行调整。

图 7-42　应付职工薪酬计提检查情况表

（3）机器人运行日志。

运行结束，机器人运行日志自动生成，如图7-43所示。

机器人运行开始时间	月明细表生成状态	生成时间	计提检查情况表生成状态	生成时间
2021-1-12 9:49	成功	2021-1-12 9:50	成功	2021-1-12 9:50
2021-1-12 21:23	成功	2021-1-12 21:24	成功	2021-1-12 21:24
2021-8-25 18:34	成功	2021-8-25 18:36	成功	2021-8-25 18:36
2021-8-25 21:37	成功	2021-8-25 21:40	成功	2021-8-25 21:40
2021-8-25 21:44	成功	2021-8-25 21:46	成功	2021-8-25 21:46
2021-9-1 11:47	成功	2021-9-1 11:49	成功	2021-9-1 11:49
2021-9-1 13:09	成功	2021-9-1 13:10	成功	2021-9-1 13:10

图 7-43　运行日志

7.5　机器人运用

家桐一边感叹审计机器人小蛮的神奇，一边思考小蛮的工作原理，脑子里不禁发出一连串的疑问，人的工作难免要出错，机器人是不是也会有报错的情况呢？

第二天，业务一部召开部门会议，会议上黄鑫提出要讨论审计机器人使用时出现的问题。家桐有了昨天的实战经验，直接抛出自己的疑问："如果机器人在运行工作中出现错误，那怎么解决呢？"

技术员何家钰说道："这个问题非常好，也很关键。机器人调试好后，需要对存在的风险进行识别、分析、应对，就拿应付职工薪酬实质性程序审计机器人来说，容易发生的错误主要包括文件打开错误、文件未找到、运行流程中断。可能产生的原因是文件版本不兼容、文件路径改变、网络连接异常。这些问题是很常见的，就需要审计人员在使用过程中留心。"

黄鑫听了何家钰的解释后总结了机器人带来的变化："机器人运行过程中，审计助理和项目经理职责都发生了改变。审计助理需要将纸质文件转换为电子文件，工作重心由数据处理变为复核以及查找审计证据，监督机器人的运行工作。机器人确实给我们审计人员的工作带来了极大便利，不过确实也对审计人员提出了更高要求，要求我们必须提升职业判断能力。"

一旁的徐涵璐说道："是呀，机器人能够全天候不间断工作的特点也极大地缩短了审计人员的工作时间，机器人通常可以承担 2~5 个审计助理的工作量，并且我听说机器人集群可以自由调度，提高其审计效率。另外，在节约时间的前提下，减少的人力成本能够转换到高附加值的审计工作中，实现了审计工作的价值增值，降低损失。在应付职工薪酬审计中，原来3个人耗时5天才能完成应付职工薪酬科目的审计，现在只需2个人2天便可完成，效率大大提高，我已经开始感觉到失业危机正在向我扑来。"

"哈哈哈哈……"听完徐涵璐的发言，很多同事都笑了。

小何听了徐涵璐的话解释道："徐姐说的机器人集群更加高效，还拿应付职工薪酬来说，应付职工薪酬审计机器人集群还可以应用到其他 4 个机器人。一是复核加计明细表机器人。它可自动获取应付职工薪酬明细表，重新加计各类职工薪酬明细科目每月的合计数，再与总账和明细账进行核对，检验是否相等，将检验结果填入'职工薪酬明细表'工作底稿中。二是原始凭证与会计记录核对机器人。通过财务共享平台，它可获取相关原始凭证电子档，抓取凭证中的类型、日期、金额和员工名字，然后与会计分录核对，判断是否一致，将结果写入"应付职工薪酬细节测试核对表"工作底稿。三是抽样凭证机器人。它从付款凭证中选取一定数量的样本，尤其是大额职工薪酬，核查是否属实，检查本期职工薪酬计提金额。机器人通过获取的本期职工薪酬实际发生值，进行计算，确定本期应当计提的各类职工薪酬金额，判断是否合理。

机器人运行结束后，由审计人员根据收到的运行结果判断被审计单位职工薪酬数据是否存在异常，辅助项目经理查找审计证据，进行审计目标的认定。

最后用审计底稿填报机器人将获取到的审计证据自动转换数据格式，填入对应的审计工作底稿。"

听完何家钰的说明，会议室里立马响起了掌声，黄鑫开口说道："没想到现在审计机器人已经可以做这么多工作了，真不错！那后期部门的机器人上线工作后，还要小何多多指导呀，但是机器人的出现确实值得大家思考，未来审计工作存在无数可能，审计人员只有与时俱进才能更好地适应新技术的发展。各位伙伴也要虚心求教，在多多利用机器人带来的便利的同时好好提高自身实力，那我们今天的会就开到这里，散会。"

会议结束后，审计办公室一片热闹，小蛮的加入带来了更多欢乐！

【思维拓展】

本章案例中判断职工薪酬变动比例时，对本期与上期数据变动进行了对比，而行业职工薪酬水平也是审计工作过程中需要考虑的重点问题。接下来请大家思考，应该如何将行业数据设计到机器人当中，结合行业水平进行判断？

第8章　货币资金审计实质性程序机器人

8.1　场景描述

罗梦晴，一个应届毕业生，刚加入重庆数字链审会计师事务所。眼看快9点了，项目组讨论即将开始，罗梦晴才风风火火地跑进办公室。

今天的会议是针对重庆蛮先进智能制造有限公司的项目进行的内部讨论会议。当墙上的挂钟时针指到"9"时，项目经理钱涂拍拍手说道："好了，会议开始，有什么问题大家赶紧提出来。"

"钱经理，我负责的固定资产科目没有什么问题。"中级审计助理徐涵璐说道。

"钱经理，我负责的会计分录测试也没什么问题。"中级审计助理陈奕竹说道。

......

大家纷纷举手，眼看没什么问题，钱经理正准备进行下个议题，只见罗梦晴匆匆忙忙跑进会议室，举起手说道："我我我，我有问题。"罗梦晴喝了一口水，又急忙说道："钱经理，最近我的货币资金审计遇到了困难，你看我昨天加班到12点，早上闹铃也弄不醒我。这数据量大，过程那么烦琐，又容易出错，我只能靠自己慢慢摸索，可这进度实在是太慢了，钱经理你给我好好讲讲，支支招吧。"

钱经理认真地说道："你可千万别小瞧货币资金这个科目，它贯穿企业生产和发展的各个环节，如果货币资金出了问题，那对企业的影响就是生死存亡。你好好想想，近两年大型企业出现货币资金问题的还少吗？比如林美药业。货币资金对整个公司乃至整个行业都影响重大，因此，要格外关注货币资金的真实性和完整性，因为相对于其他科目，货币资金发生造假舞弊的可能性更高。"

"以银行存款为例，首先，从被审计单位获取银行账号完整性声明，再到被审计单位基本户的开户行打印所有银行账户的清单，核对账户是否一致；其次要获取银行存款余额明细表、总账、银行对账单原件等审计证据，核对银行存款余额明细的复核加计是否正确，核对银行对账单与账面金额是否一致，与总账数和日记账合计数是否相符，核算汇率是否准确，以及资金流水核查，比对银行对账单发生额合计数与账面发生额是否一致，将结果记录在银行存款明细余额表中。如不符，做出调整，你可以理解成首先要核数对不对，才能更深入地进行分析，但正常来说，总数应该没什么问题。"钱经理喝口水继续说道，"接着，就是对银行存款累计余额实施实质性分析程序，也就是计算银行存款累计余额应收利息收入与被审计单位银行存款应收利息收入的差异是否恰当，如存在问题，要记录在审计工作底稿中。"一旁的罗梦晴和俞津等各位初级审计助理听得十分认真，不停地将重点部分都记录下来，钱经理表示十分欣慰。

钱经理又缓了缓说道:"针对已经获取的银行存款余额明细表,要先对其进行检查,同时填写银行存款余额调节表。"钱经理突然停顿下来,看向一旁的审计助理们,苦口婆心地说道:"你们一定要注意银行存款函证程序,这是银行存款审计十分关键的一环,应当对银行存款包括零余额账户和在本期内注销的账户实施函证程序,除非有充足的证据表明某一银行存款对财务报表不重要且与之相关的重大错报风险很低。如果根据评估结果决定不对某一银行存款实施函证程序,那么应在审计工作底稿中清晰记录不实施函证程序的理由。若被审计单位有定期存款,除函证银行存款的金额、期限等一般事项外,还需特别函证该存款是否存在质押或其他使用受限的情况。如存在质押或使用受限的情况,需了解原因。最近有企业被爆出函证造假,这到底是银行的疏忽,还是银行和企业共同作假我们先不追究,但是作为审计人员,我们一定要仔细核对银行回函,确定银行回函金额与企业银行存款日记账数一致。如果有问题,一定要查明原因并进行调整,同时编制银行函证汇总表。"钱经理拍拍桌子,提醒各位审计人员一定要再三注意。

"接着,要对银行存款发生额进行分析,从明细账中选取大额或异常的财务记录,检查大额或者异常的收入和支出的原始凭证如进账单、银行回单等,检查对方单位是否为关联方,对方单位是否异常,银行回单中的对方单位是否与记账凭证一致等;结合项目经理的职业判断,确定大额银行存款抽查标准,对全年大额银行存款收支或同金额的收支款项进行抽查,将日记账的账面记录与对账单进行双向核对。审计人员要检查银行存款收支的截止日期是否正确,一般以项目经理的职业判断作为银行存款截止性测试标准,选取资产负债表日前后多少张大于该标准的凭证实施截止性测试。最后,审计人员要对银行存款是否在财务报表中做出恰当列报和披露进行检查。"钱经理端起水杯说道,"这就是银行存款科目一个大致的审计流程,你如果还有什么问题,可以去问问徐涵璐和郑毅他们,有什么问题多沟通。"

"那今天的会议就这样吧,后续有什么问题大家再沟通。"钱经理抱着笔记本和水杯走出了会议室。

货币资金——银行存款的实质性程序总体流程,如图8-1所示。

8.2 机器人分析

一早上,就听见罗梦晴和王庭阳怨声不断,"哎,按这进度今天又要加班了。"王庭阳一脸苦瓜相。"我也比你好不了多少,你看我还剩这么一堆明细表没核完呢,咱俩又可以一起做伴加班了!"罗梦晴苦恼地摇着头。

刚出差回来的初级审计助理陈家桐一进办公室,就听见这两个人的对话,不禁说道,"可别提了,我都加班一周了,白天去现场,晚上就在酒店整理资料,完成底稿,每天都熬到凌晨一点,你们有我惨?"

罗梦晴和王庭阳连忙摇摇头,打趣道:"那还是你惨!"

王庭阳抬起头,越过像山一样的审计底稿,问罗梦晴:"你现在做啥呢?"

罗梦晴头也不抬地一边看着资料一边回复着:"不还是货币资金嘛!"

王庭阳:"那天钱经理在会上说了大致的业务流程,你还有什么问题吗?"

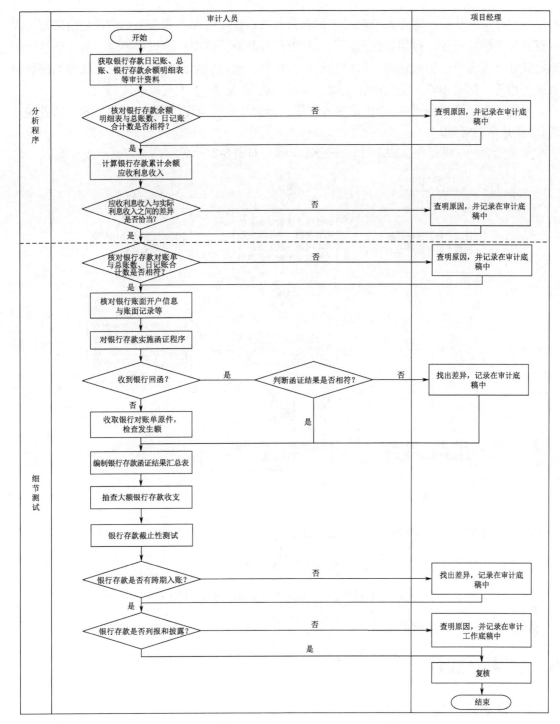

图 8-1　货币资金——银行存款实质性程序总体流程

"哎，那天多亏了钱经理，前面倒是做得差不多了，但是我现在卡在了大额银行存款查验这一步。数据量大、又烦琐、人工核对耗时又长，我眼睛都要看花了！"说着，罗梦晴往眼睛里滴了几滴眼药水，"我要先获取银行存款明细表、对账单等文件，检查对账单的期初余额、本期发生额、本期减少额等数据，将结果写入本期发生额中，确定银行存款大额查验的借贷方标准。然后，审计人员根据大额查验标准，将在明细表和对账单中筛选出的超过大额查验标准的凭证号、日期等信息写入大额银行存款查验表中，再根据筛选出的凭证号检查原始凭证是否齐全、记账凭证与原始凭证是否相等。通过以上信息，判断日记账和明细账金额是否相等，如果相等，得出审计说明"可以确认"；反之，"不可以确认"。

王庭阳听了摇摇头说道："也是难为你了，等会儿吃饭给你加个鸡腿吧！"罗梦晴打趣地说："真是谢谢您嘞！"

货币资金——银行存款实质性程序业务流程，如图 8-2 所示。

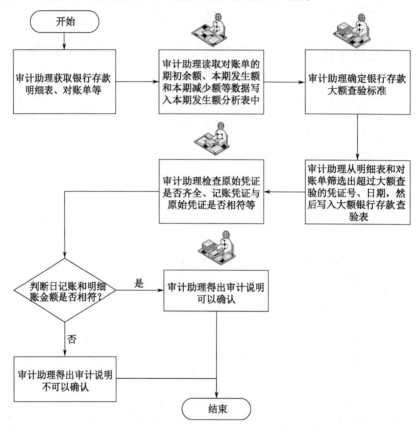

图 8-2　货币资金——银行存款实质性程序业务流程

注：以上流程不包含函证程序。

8.3　机器人设计

8.3.1　自动化流程

重庆数字链审会计师事务所经过一段时间的变革，成功地将 RPA 引入审计实务中，成为行业先驱。

一个普普通通的工作日，毛俊力经过数字化赋能中心，看见办公室门口排起了一长串的队伍，毛俊力随便抓着一个同事问："这是怎么了，这么多人啊？"

俞津说："你这才出差回来吧，最近公司上线了小蛮机器人，引起了热议。"俞津指了指大屏幕接着说："你看，这是拿银行存款做的试验，上线后的审计机器人小蛮，只需要 2 分钟便可以完成罗梦晴三天的工作量。首先，机器人在本地获取银行存款明细表、对账单等文件，自动读取对账单的期初余额、本期发生额、本期减少额等数据，写入本期发生额分析表中。然后，机器人读取发生额分析表中的金额和查验的借贷方标准，在日记账中筛选出超过大额查验标准的业务，并写入表中，同时在银行流水中筛选出超过大额银行查验标准的业务。最后机器人将筛选出的银行流水和日记账进行双向核对，判断日记账和明细账金额是否相等，如相等，机器人在审计说明中写入"可以确认"；反之，写入"不可以确认"。此外，机器人还可以记录运行的时间和状态，真是可以啊！"

毛俊力点点头，"怪不得罗梦晴最近总是在朋友圈发吃吃喝喝，我还疑惑她怎么这么清闲，都能正常上下班了！"

"我不和你说了，我也要去排队，你也放下东西快去吧，早点拿上小蛮的号码牌，你就可以像罗梦晴那样滋润了！"俞津抱着笔记本电脑往人群中挤了进去。

基于 RPA 的银行存款实质性程序自动化流程，如图 8-3 所示。

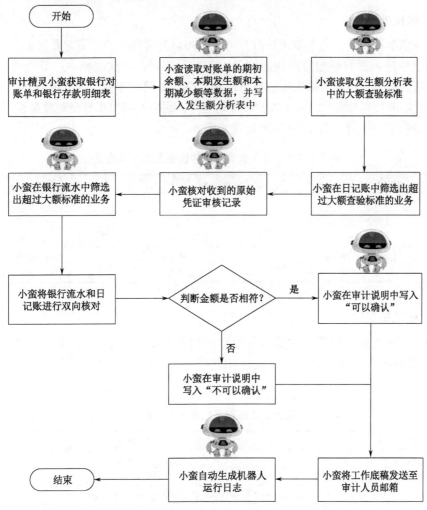

图 8-3　基于 RPA 的银行存款实质性程序自动化流程

8.3.2 数据标准与规范

1. 审计数据采集

货币资金实质性程序机器人的数据来源分为三大类：明细表、对账单和核对记录。机器人从 Excel 类型的明细表中提取借方发生额、贷方发生额、摘要等数据；从对账单中提取期初余额、本期增加额、本期减少额等数据；从核对记录中获取原始凭证的核对记录。

货币资金实质性程序机器人的数据采集如表 8-1 所示。

表 8-1　货币资金实质性程序机器人的数据采集

数据来源	数据内容		文件类型
明细表	借方发生额	贷方发生额	Excel
对账单	本期增加额	本期减少额	Excel
核对记录	-	-	Excel

2. 审计数据处理

机器人获取数据后，首先需要进行数据清洗，可以将文件中的借贷方发生额转为数组，将读取的明细表中的数据和原始凭证核对记录合并填写到银行存款底稿中；其次要进行数据计算，求平均值后确定初步发生额大额标准，求和后确定本期增加额、本期减少额；最后进行数据分析，判断明细表和对账单中大于大额标准的业务，判断对账单和日记账数是否一致。

货币资金实质性程序机器人的数据处理如表 8-2 所示。

表 8-2　货币资金实质性程序机器人的数据处理

数据清洗		数据计算		数据分析	
方法	主要内容	方法	主要内容	方法	主要内容
转换	将借贷方发生额转为数组	求平均值	确定初步发生额大额标准	判断	筛选明细表、对账单中大于大额标准的业务
合并	明细表、原始凭证核对记录	求和	确定本期增加额、本期减少额	判断	判断对账单和日记账数是否一致

3. 审计底稿与报告

货币资金实质性程序机器人主要审计银行存款明细表、银行存款对账单、银行存款发生额分析表、原始凭证审核记录、大额银行存款查验表和审计机器人工作日志，工作内容如表 8-3 所示。

表 8-3　货币资金实质性程序机器人主要审计底稿与报告

底稿名称	底稿描述
银行存款明细表	记录银行存款的明细账
银行存款对账单	记录银行存款流水
银行存款发生额分析表	记录银行存款本期增加额、本期减少额、期末余额、初步发生额大额标准等
原始凭证审核记录	记录银行存款凭证检查的附件、凭证号等
大额银行存款查验表	对银行存款从日记账和对账单双向进行核对
审计机器人工作日志	记录机器人开始时间和结束时间等

4. 表格设计

（1）银行存款对账单。

银行存款对账单是审计人员在审计时必不可少的审计工作底稿，是被审计单位的原始单据。审计人员要将银行存款日记账与银行对账单进行核对，分析是否存在未达账项。银行存款对账单包括户名、卡号、上期余额、（交易）日期、借方发生额、贷方发生额、余额和摘要，如图8-4所示。

浦发银行					
对公账户明细对账单					
户名：	进智能制造有限公司		日期：		20190101
卡号：	**********886		上期余额：		15584990
序号	交易日期	借方发生额	贷方发生额	余额	摘要
1	2019/1/2		1,776,000.00	13808990	收款
2	2019/1/7	25,000.00		13833990	取现
3	2019/1/11		2,500,000.00	11333990	内部转款（中信转浦发）
4	2019/1/11	39,092.54		11373082.54	付员工社保
5	2019/1/14	26,093.00		11399175.54	个人借款 蒋培借款
6	2019/1/15	50,000.00		11449175.54	陈克明申请付汽油费
7	2019/1/15	15,128.00		11464303.54	刘玉娟报招待费
8	2019/1/22	25,000.00		11489303.54	取现
9	2019/1/29	10,000.00		11499303.54	取现
10	2019/1/29	35,000.00		11534303.54	取现
11	2019/1/30	409,472.35		11943775.89	工资 付1月员工工资
12	2019/1/30	1,853,669.00		13797444.89	奖金 付员工2018年年终奖金
13	2019/1/30	1,444.00		13798888.89	田飞飞付快递费
14	2019/1/31		7,400.00	13791488.89	备用金存银行
15	2019/1/31	24.9		13791513.79	手续费

图8-4　浦发银行对账单样表

（2）银行存款明细表。

银行存款明细表是被审计单位必不可少的审计工作底稿，是被审计单位的原始单据。银行存款明细表包括会计年、会计月、记账时间、凭证编号、凭证种类、编号、业务说明、科目编号和科目名称等，如图8-5所示。

№	会计年	会计月	记账时间	凭证编号	凭证种类	编号	业务说明	科目编号	科目名称	借
50	2019	1	2019/1/2	4	记	0	收款	1002.01	浦发银行重庆分行营业部	
53	2019	1	2019/1/7	6	记	1	取现	1002.01	浦发银行重庆分行营业部	
76	2019	1	2019/1/11	16	记	0	内部转款（中信转浦发）	1002.01	浦发银行重庆分行营业部	
79	2019	1	2019/1/11	17	记	2	付员工社保	1002.01	浦发银行重庆分行营业部	
82	2019	1	2019/1/14	19	记	1	个人借款 蒋培借款	1002.01	浦发银行重庆分行营业部	
86	2019	1	2019/1/15	21	记	1	陈克明申请付汽油费	1002.01	浦发银行重庆分行营业部	
88	2019	1	2019/1/15	22	记	1	刘玉娟报招待费	1002.01	浦发银行重庆分行营业部	
139	2019	1	2019/1/22	43	记	1	取现	1002.01	浦发银行重庆分行营业部	
221	2019	1	2019/1/29	71	记	1	取现	1002.01	浦发银行重庆分行营业部	
223	2019	1	2019/1/29	72	记	1	取现	1002.01	浦发银行重庆分行营业部	
234	2019	1	2019/1/30	77	记	3	工资 付1月员工工资	1002.01	浦发银行重庆分行营业部	
237	2019	1	2019/1/30	78	记	2	奖金 付员工2018年年终奖金	1002.01	浦发银行重庆分行营业部	
242	2019	1	2019/1/30	79	记	2	田飞飞付快递费	1002.01	浦发银行重庆分行营业部	
257	2019	1	2019/1/31	83	记	1	备用金存银行	1002.01	浦发银行重庆分行营业部	
260	2019	1	2019/1/31	85	记	1	手续费	1002.01	浦发银行重庆分行营业部	
262	2019	1	2019/1/31	86	记	1	内部转款（浦发转中信）	1002.01	浦发银行重庆分行营业部	
532	2019	2	2019/2/15	5	记	0	货款 收西安现代控制研究货款（商承到期）	1002.01	浦发银行重庆分行营业部	
537	2019	2	2019/2/19	6	记	4	蔡小丽付检测费	1002.01	浦发银行重庆分行营业部	
539	2019	2	2019/2/19	7	记	1	手续费	1002.01	浦发银行重庆分行营业部	
540	2019	2	2019/2/19	8	记	1	取现	1002.01	浦发银行重庆分行营业部	
561	2019	2	2019/2/1	17	记	1	收款	1002.01	浦发银行重庆分行营业部	

图8-5　银行存款明细表示例

（3）银行存款底稿。

银行存款底稿是审计人员需要编制的审计工作底稿，包括银行存款发生额分析表和大额银行存款查验表。银行存款发生额分析表包括开户银行、银行账户、期初余额、本期增加、本期减少、期末余额等，如图8-6所示。

“银行存款” 本期发生额分析

所属会计师事务所： 重庆数字链审会计师事务所

被审计单位： 重庆蛮先进智能制造有限公司 审核员： 日期：

审查项目： 银行存款 会计期间： 复核员： 日期：

开户银行	银行账号	币种	期初余额		本期增加	本期减少	期末余额		期间业务发生笔数		初步发生额大额标准		确定的大额标准		抽查月份
			原币	人民币			原币	人民币	借方	贷方	借方	贷方	借方	贷方	
											0.00	0.00	0.00	0.00	---

审计提示：主审注册会计师根据初步结果，结合对公司的总体风险判断和各明细账户业务性质等综合情况，确定最终的大额标准和抽查月份，并说明理由。（抽查月份可以选取期间的全部月份或某几个月份）

图 8-6 银行存款发生额分析表样表

（4）审计机器人运行日志。

审计机器人运行日志主要是用于记录机器人从开始运行到结束的一系列状态，包括开始时间、银行存款底稿生成状态和结束时间，如图 8-7 所示。

开始时间	银行存款底稿生成状态	结束时间

图 8-7 审计机器人运行日志样表

8.4 机器人开发

8.4.1 技术路线

货币资金实质性程序机器人开发主要分为四个模块：审计数据采集与清洗、编制发生额分析表、编制大额银行存款表和生成机器人运行日志。

通过【打开 Excel 工作簿】和【清除区域】，获取银行对账单、明细表等工作簿中的数据，并对区域内的数据格式化，完成审计数据采集与清洗；通过【获取数组长度】、【读取列】和【读取列】等，获取银行对账单所需信息，编制发生额分析表，生成借贷方大额标准；通过【条件分支】、【条件赋值】、【读取区域】和【写入区域】等，获取大额查验标准，与明细账和对账单双向核对，获取原始凭证审核记录，编制大额银行存款表；通过【发送邮件】、【获取时间】和【写入单元格】等，将填写完成的审计底稿发送给审计人员，生成机器人运行日志。

货币资金实质性程序机器人技术路线如表 8-4 所示。

表 8-4　货币资金实质性程序机器人技术路线

模块	功能描述	使用的活动
审计数据采集与清洗	获取银行对账单、明细表等工作簿中的数据	打开 Excel 工作簿
	格式化区域内的数据	清除区域
编制发生额分析表	获取借贷方金额发生的业务笔数	获取数组长度
		过滤数组数据
	获取银行对账单的所需信息，写入发生额分析表中，生成大额银行存款查验标准	读取列
		读取单元格
		写入单元格
编制大额银行存款表	获取银行存款大额查验标准，从明细账和对账单中筛选出大于该标准的金额并对其进行双向核对	条件分支
		变量赋值
		转为整数数据
	将读取的银行存款明细表、对账单的时间和原始凭证审核记录写入银行存款审计底稿	读取单元格
		读取区域
		写入单元格
		写入区域
生成机器人运行日志	将填写完成的审计底稿发送给审计人员	发送邮件
	记录机器人的开始时间、结束时间和状态等	获取时间
		格式化时间
		写入单元格

8.4.2　开发步骤

1. 搭建流程整体框架

步骤一：打开 UiBot Creator 软件，新建流程，并将其命名为"货币资金实质性程序机器人"。

步骤二：拖入 4 个"流程块"和 1 个"流程结束"至流程图设计主界面，并连接起来。流程块描述修改为：审计数据采集与清洗、编制发生额分析表、编制大额银行存款查验表和生成机器人运行日志，如图 8-8 所示。

步骤三：在流程图里新建流程图变量，分别为"银行存款底稿"、"银行存款明细表"、"银行对账单"和"机器人运行日志"，如图 8-9 所示。

步骤四：准备数据。首先，打开"货币资金实质性程序机器人"流程文件夹，在"res"文件夹中放入浦发银行重庆分行营业部对账单、银行存款明细表和机器人运行日志三个 Excel 文件；然后，再创建 1 个文件夹并命名为"模板文件"，在"模板文件"中放入银行存款底稿，如图 8-10 所示。

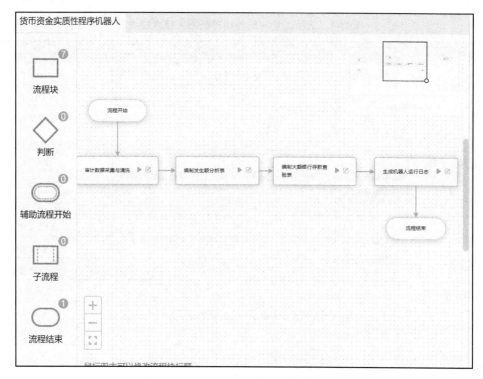

图 8-8　UiBot Creator 流程图编辑界面

图 8-9　新建流程图变量界面

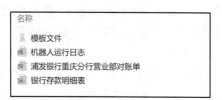

图 8-10　数据准备

2. 审计数据采集与清洗

步骤五：添加【获取文件或文件夹列表】【依次读取数组中每个元素】【复制文件】。注意：【复制文件】在【依次读取数组中每个元素】内，如图 8-11 所示。目的是为了将模板文件中的文件复制在@res 路径下，每次运行可重新替换新文件。获取文件或文件夹列表的路径属性设置为"@res"模板文件"","列表内容"属性设置为"文件和文件夹"，返回全路径属性设置为"否"，如图 8-11 所示。

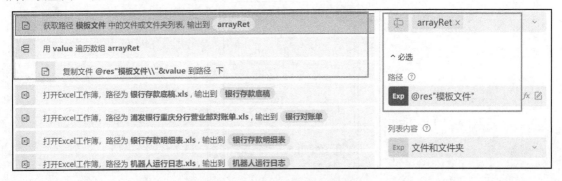

图 8-11　添加活动并设置属性

【依次读取数组中每个元素】的属性设置不做修改，复制文件的"路径"属性设置为
"@res"模板文件\\"&value"，"复制到的路径"的属性设置为"@res""""，"同名时替换"的属
性设置为"是"，如图 8-12 所示。

图 8-12　更改【复制文件】属性

步骤六：添加【打开 Excel 工作簿】，读取实质性程序中所需的审计工作底稿，如表 8-5
所示。

表 8-5　【打开 Excel 工作簿】设置

序号	输出到	文件路径
1	银行存款底稿	@res"银行存款底稿.xls"
2	银行对账单	@res"浦发银行重庆分行营业部对账单.xls"
3	银行存款明细表	@res"银行存款明细表.xls"
4	机器人运行日志	@res"机器人运行日志.xls"

步骤七：添加【获取时间】，将获取的时间赋值给"dTime 开始"，将"dTime 开始"通
过【格式化时间】输出到"sRet 开始"。添加【写入单元格】，将其写入"机器人运行日
志"中"Sheet1"的""A2""单元格，如图 8-13 和图 8-14 所示。

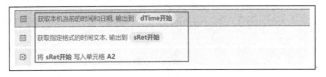

图 8-13　记录机器人开始时间

图 8-14 记录机器人开始时间单元格设置

3. 编制发生额分析表

步骤八：添加【读取单元格】，依次读取工作簿中单元格的值，输出到变量，如图 8-15 和表 8-6 所示。

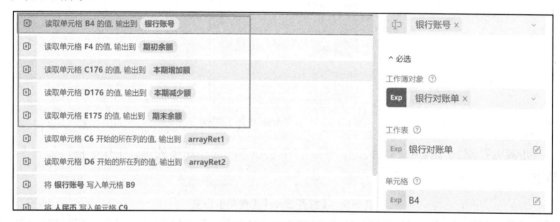

图 8-15 读取单元格

表 8-6 【读取单元格】设置

序号	输出到	工作簿对象	工作表	单元格
1	银行账号	银行对账单	"银行对账单"	"B4"
2	期初余额	银行对账单	"银行对账单"	"F4"
3	本期增加额	银行对账单	"银行对账单"	"C176"
4	本期减少额	银行对账单	"银行对账单"	"D176"
5	期末余额	银行对账单	"银行对账单"	"E175"

步骤九：添加【写入单元格】，写入所需数据，如图 8-16 和表 8-7 所示。

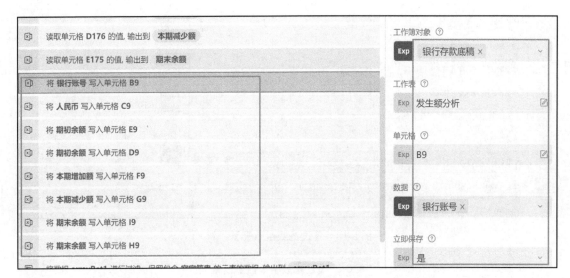

图 8-16 【写入单元格】设置

表 8-7 【写入单元格】设置

序号	工作簿对象	工作表	单元格	数据
1	银行存款底稿	"发生额分析"	"B9"	银行账号
2	银行存款底稿	"发生额分析"	"C9"	人民币
3	银行存款底稿	"发生额分析"	"E9"	期初余额
4	银行存款底稿	"发生额分析"	"D9"	期初余额
5	银行存款底稿	"发生额分析"	"F9"	本期增加额
6	银行存款底稿	"发生额分析"	"G9"	本期减少额
7	银行存款底稿	"发生额分析"	"I9"	期末余额
8	银行存款底稿	"发生额分析"	"H9"	期末余额

步骤十：添加【读取列】，读取 C6 和 D6 所在列的值，获取借方发生额和贷方发生额，如图 8-17 和表 8-8 所示。

读取单元格 C6 开始的所在列的值，输出到 **arrayRet1**

读取单元格 D6 开始的所在列的值，输出到 **arrayRet2**

图 8-17 【读取列】设置

表 8-8 【读取列】设置

序号	输出到	工作簿对象	工作表	单元格
1	arrayRet1	银行对账单	"银行对账单"	"C6"
2	arrayRet2	银行对账单	"银行对账单"	"D6"

步骤十一：添加【过滤数组数据】，对数据进行过滤，如图 8-18 和表 8-9 所示。

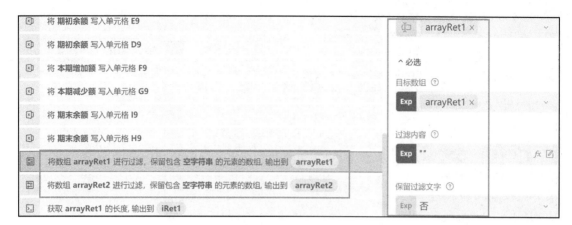

图 8-18 【过滤数组数据】设置

表 8-9 【过滤数组数据】设置

序号	输出到	目标数组	过滤内容	保留过滤文字
1	arrayRet1	arrayRet1	""	否
2	arrayRet2	arrayRet2	""	否

步骤十二：添加【获取数组长度】，获取 arrayRet1 和 arrayRet2 数组的长度，如图 8-19 和表 8-10 所示。

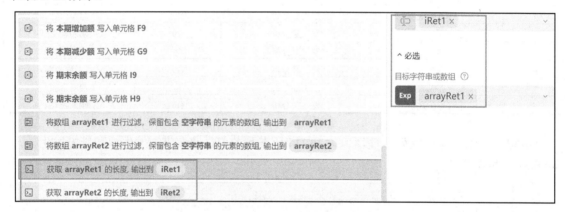

图 8-19 【获取数组长度】设置

表 8-10 【获取数组长度】设置

序号	输出到	目标数组
1	arrayRet1	iRet
2	arrayRet2	iRet2

步骤十三：添加【变量赋值】，将变量赋值给借方笔数和贷方笔数，如表 8-11 所示。

表 8-11 【变量赋值】设置

序号	变量名	变量值
1	借方笔数	iRet1-1
2	贷方笔数	iRet2-1

步骤十四：添加【写入单元格】，将借方笔数和贷方笔数写入指定的单元格中，如图 8-20 和表 8-12 所示。

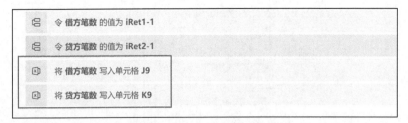

图 8-20 【写入单元格】设置

表 8-12 【写入单元格】设置

序号	工作簿对象	工作表	单元格	数据
1	银行存款底稿	"发生额分析"	"J9"	借方笔数
2	银行存款底稿	"发生额分析"	"K9"	贷方笔数

4. 编制大额银行存款表

步骤十五：添加【读取单元格】和【转为小数数据】，从单元格中读取所需数据，同时转为数值类型，目的是转为数值类型后方便比较，如图 8-21 和表 8-13 所示。

图 8-21 读取数据同时转为数值类型

表 8-13 属性设置

活动名称	属性	值
读取单元格	输出到	借方大额标准
	工作簿对象	银行存款底稿
	工作表	"发生额分析"
	单元格	"N9"
读取单元格	输出到	贷方大额标准
	工作簿对象	银行存款底稿
	工作表	"发生额分析"
	单元格	"O9"
转为小数数据	输出到	借方大额标准
	转换对象	借方大额标准
转为小数数据	输出到	贷方大额标准
	转换对象	贷方大额标准

步骤十六：添加【读取区域】，将读取的区域输出到变量"arrayRet3"，如图 8-22 所示。

图 8-22　【读取区域】设置

步骤十七：首先，添加【依次读取数组中每个元素】，用"value"依次读取数组中的每个元素"arrayRet3"；其次，在【依次读取数组中每个元素】中添加 2 个【变量赋值】，分别将"value[7]"和"value[8]"赋值给"iRet1"和"iRet2"；然后，添加【条件分支】，判断表达式为"iRet1> 借方大额标准 Or iRet2>贷方大额标准"，添加 9 个【写入单元格】和【遍历赋值】，定义"c"的默认值为 8，令"c=c+1"，如图 8-23 和表 8-14 所示。

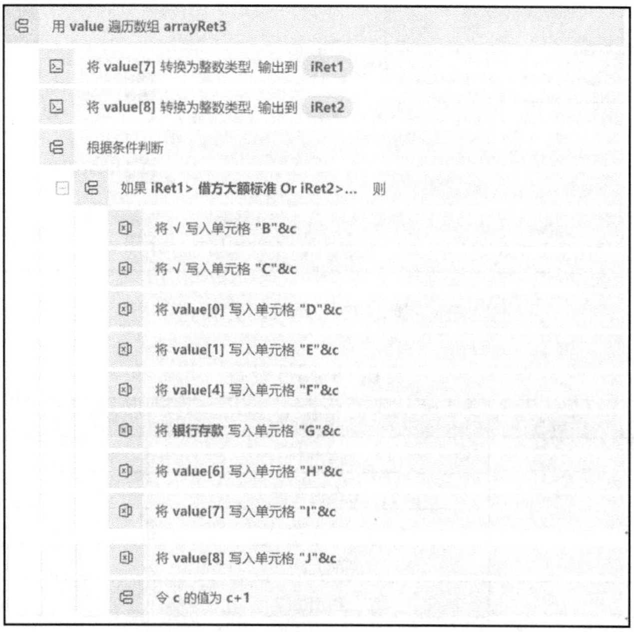

图 8-23　【依次读取数组中每个元素】设置

表 8-14　【写入单元格】设置

序号	工作簿对象	工作表	单元格	数据
1	银行存款底稿	"大额查验"	"B"&c	" √"
2	银行存款底稿	"大额查验"	"C"&c	" √"

序号	工作簿对象	工作表	单元格	数据
3	银行存款底稿	"大额查验"	"D"&c	value[0]
4	银行存款底稿	"大额查验"	"E"&c	value[1]
5	银行存款底稿	"大额查验"	"F"&c	value[4]
6	银行存款底稿	"大额查验"	"G"&c	"银行存款"
7	银行存款底稿	"大额查验"	"H"&c	value[6]
8	银行存款底稿	"大额查验"	"I"&c	value[7]
9	银行存款底稿	"大额查验"	"J"&c	value[8]

步骤十八：添加【读取区域】和【写入区域】，属性设置如图8-24和图8-25可见。

读取区域 **A4:K58** 的值，输出到 原始凭证审核记录

将 原始凭证审核记录 写入 **K12** 开始的区域

图 8-24 【读取区域】和【写入区域】设置

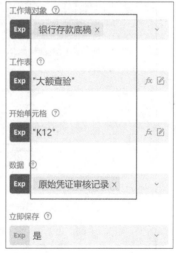

图 8-25 详细设置

步骤十九：添加【读取区域】，将读取的区域输出到变量"arrayRet4"，如图 8-26 所示。

步骤二十：首先，添加【依次读取数组中每个元素】，用"value2"依次读取数组中的每个元素"arrayRet4"；其次，在【依次读取数组中每个元素】中添加 2 个【变量赋值】，分别将"value2[2]"和"value2[3]"赋值给"iRet3"和"iRet4"；然后，添加【条件分支】，判断表达式为"iRet4>借方大额标准 Or iRet3>贷方大额标准"。在该活动下方再添加一个【条件分支】，判断表达式为"iRet3>0"，满足条件，添加【写入单元格】和【变量赋值】，将"value2[2]"、"value2[3]"和"iRet3"分别写入单元格，定义"a"的默认值为 8，令"a=a+1"；不满足条件，添加【写入单元格】和【变量赋值】，将"value2[2]"、"value2[3]"和"iRet4"分别写入单元格，定义"a"的默认值为 8，令"a=a+1"，如图 8-27 和表 8-15

所示。

图 8-26 【读取区域】设置

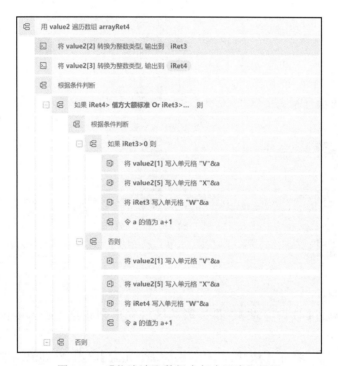

图 8-27 【依次读取数组中每个元素】设置

表 8-15 【写入单元格】设置

序号	工作簿对象	工作表	单元格	数据
1	银行存款底稿	"大额查验"	"V"&a	value2[1]
2	银行存款底稿	"大额查验"	"X"&a	value2[5]
3	银行存款底稿	"大额查验"	"W"&a	iRet3
4	银行存款底稿	"大额查验"	"W"&a	iRet4

步骤二十一：添加【读取区域】，将读取的区域输出到变量"arrayRet5"，如图8-28所示。

图8-28　【读取区域】设置

步骤二十二：首先，添加【依次读取数组中每个元素】，用"value3"依次读取数组中的每个元素"arrayRet5"；其次，在【依次读取数组中每个元素】中添加3个【变量赋值】，分别将"value3[0]"、"value3[1]"和"value3[14]"赋值给"iRet5"、"iRet6"和"iRet7"；然后，添加【条件分支】，判断表达式为"iRet5>0"，满足条件，则添加【变量赋值】，将变量值"iRet5"赋值给"对比值"；不满足条件，则添加【变量赋值】，将变量值"iRet6"赋值给"对比值"。在该活动下方再添加一个【条件分支】，判断表达式为"对比值=iRet7"，满足条件，添加【写入单元格】和【变量赋值】，将"可以确认"写入单元格，定义"b"的默认值为8，令"b=b+1"；不满足条件，添加【写入单元格】和【变量赋值】，将"不可以确认"写入单元格，定义"b"的默认值为8，令"b=b+1"，如图8-29和表8-16所示。

用 value3 遍历数组 arrayRet5
将 value3[0] 转换为整数类型, 输出到 iRet5
将 value3[1] 转换为整数类型, 输出到 iRet6
将 value3[14] 转换为整数类型, 输出到 iRet7
根据条件判断
如果 iRet5>0 则
令 对比值 的值为 iRet5
否则
令 对比值 的值为 iRet6
根据条件判断
如果 对比值=iRet7 则
将 可以确认 写入单元格 "Y"&b
令 b 的值为 b+1
否则
将 不可以确认 写入单元格 "Y"&b
令 b 的值为 b+1

图8-29　【依次读取数组中每个元素】设置

表 8-16　【写入单元格】设置

序号	工作簿对象	工作表	单元格	数据
1	银行存款底稿	"大额查验"	"Y"&b	可以确认
2	银行存款底稿	"大额查验"	"Y"&b	不可以确认

步骤二十三：添加【关闭 Excel 工作簿】，工作簿对象为"银行存款底稿"。

5. 生成机器人运行日志

步骤二十四：添加【发送邮件】，属性设置如图 8-30 所示。

图 8-30　【发送邮件】设置

步骤二十五：添加【获取时间】，将获取的时间赋值给"dTime 结束"，将"dTime 结束"通过【格式化时间】输出到"sRet 结束"。添加【写入单元格】，将状态与获取时间写入"机器人运行日志"中"Sheet1"的"B2"和"C2"单元格，如图 8-31 和 8-32 所示，目的是为了记录机器人的运行时间和状态。

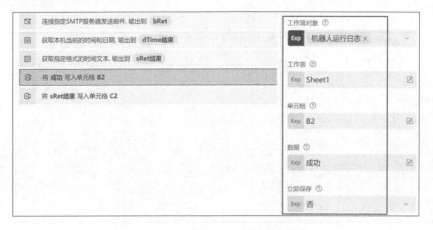

图 8-31 【写入单元格】设置

图 8-32 【写入单元格】设置

结果展示：

（1）审计机器人小蛮读取银行对账单生成发生额分析表，如图 8-33 所示。

"银行存款"本期发生额分析

重庆数字链审会计师事务所 重庆蛮先进智能制造有限公司 **银行存款**				审核员： 会计期间： 复核员：					日期： 日期：			

银行账号	币种	期初余额		本期增加	本期减少	期末余额		期间业务发生笔数		初步发生额大额标准		确定的大额标准	
		原币	人民币			原币	人民币	借方	贷方	借方	贷方	借方	贷方
622***********886	人民币	15,584,990.00	15,584,990.00	35,852,191.24	40,372,242.59	11,064,938.65	11,064,938.65	133	37	83,195.03	299,052.40	80,000.00	290,000.00
										83,195.03	299,052.40	80,000.00	290,000.00

会计师根据初步结果，结合对公司的总体风险判断和各明细账户业务性质等综合情况，确定最终的大额标准和抽查月份，并说明理由。（抽查月份可以选取期间的全部月份或某几个月份）

图 8-33 发生额分析表

（2）审计经理根据银行存款明细表、银行对账单和发生额分析表生成大额查验表，如图 8-34 所示。

大额银行存款收支凭证查验（实施银行对账单与会计账簿记录双向核对）

所属会计师事务所：重庆数字链审会计师事务所
被审计单位：重庆蛮先进智能制造有限公司　　审核员：
审查项目：银行存款　　会计期间：　　复核员：

开户银行：　　账号：　　币种：人名币　　发生额大额标准：
审计提示：凭证检查应将会计分录填写完整（包括所有借方科目、贷方科目、金额等）。

编号	从日记账出发（√）	从对账单出发（√）	会计账簿记录							附件
			记账日期	凭证号	摘要	会计分录				
						科目名称	二级科目	借方金额	贷方金额	
	√	√	2019/1/2	4	收款	银行存款	浦发银行重庆分行营业部	1,776,000.00		回执单
	√	√	2019/1/11	16	内部转款（中信转浦发）	银行存款	浦发银行重庆分行营业部	2,500,000.00		回执单
	√	√	2019/1/30	77	工资 付1月员工工资	银行存款	浦发银行重庆分行营业部		409472.35	回执单、工资明细表
	√	√	2019/1/30	78	奖金 付员工2018年年终奖金	银行存款	浦发银行重庆分行营业部		1853669	回执单、年终奖明细表
	√	√	2019/1/31	86	内部转款（浦发转中信）	银行存款	浦发银行重庆分行营业部		1000000	回执单
	√	√	2019/2/15	5	货款 收西安现代控制研究货款（商承到期）	银行存款	浦发银行重庆分行营业部	127,200.00		回执单、合同

图 8-34　大额查验表

（3）审计机器人小蛮记录整个流程的运行时间及运行状态，生成银行存款底稿，如图 8-35 所示。

开始时间	银行存款底稿生成状态	结束时间
2021/2/5 19:34	成功	2021/2/5 19:36

图 8-35　机器人运行日志

8.5　机器人运用

某天早上 9 点，重庆数字链审会计师事务所召开了关于审计机器人试点上线的总结会议，参会人员有所长程平、数字化赋能中心技术总监詹凯棋、项目经理钱涂和黄鑫、数字化赋能中心 RPA 部门的所有人以及审计助理。

程平说道："很高兴今年事务所迎来了新的变革，正是这些变革推动我们所、我们行业不断向前发展，RPA 机器人在逐渐替代审计人员的大量标准化工作时，我们应该反思还能做些什么？我们怎样才能做得更好？"说完，众人鼓起了掌声。

数字化赋能中心技术总监詹凯棋说道："RPA 技术就如同一把双刃剑，RPA 机器人的部署替代了部分审计人员的工作，但可能导致员工因角色变换或工作习惯的改变而产生抗拒。RPA 机器人很大程度上削弱了人工操作的失误，但可能存在运行制度缺失、违反合规监管的要求等问题，程序本身的设计错误、人为恶意操控、各类不可预见因素等以及管理者缺乏对其行为的监督，都可能造成 RPA 审计机器人的部署失败。所以，我们在迎来变革的同时，也要迎接挑战！"

项目经理钱涂说道："很感谢程所和詹总在我们部门进行试点运行，我们全组成员都无比珍惜这次机会。机器人的运行是一个人机协作共生的过程，审计助理将纸质版文件扫描为电子版，对数据真实性、完整性负责；机器人按设定的规则和条件执行程序，实施审计程序，填写审计底稿，记录运行记录等。"

审计助理罗梦晴说道："银行存款审计是货币资金审计，是整个审计过程中最常见，也是最容易忽视的审计项目。在原有工作流程的基础上，利用 RPA 对银行存款实施实质性程序，实现从数据采集、数据处理到数据输出全流程自动化，有助于减少人工审计过程中的失误，保证审计质量，降低手工操作的时间，大大提高审计效率，降低审计风险。"

"货币资金实质性程序机器人集群包括了 5 个机器人，即库存现金核对机器人、审计底稿填制机器人、截止性测试机器人、银行存款钩稽核对机器人和大额银行存款实质性程序机器人。在此过程中，我们审计助理和项目经理的职责都发生了改变。审计助理将纸质文件转换为电子文件，监督机器人，工作重心由数据处理变为复核以及查找审计证据、监督机器人的运行工作。而项目经理主要负责二次复核工作底稿及审计证据，综合草拟审计报告，进行项目管理。"罗梦晴总结道。

程平的脸上露出了满意的笑容，"除此之外，大家还可以思考下机器人下一步的发展目标。中国正在腾飞，科技创新是腾飞的原动力，我们应顺应时代的发展，抓住历史发展的机遇，以科技创新为使命，为国家的腾飞、为世界的发展做出历史性的贡献！"

会议室爆发出雷鸣般的掌声。

程平接着说道："当然，开拓者的路总是充满了困难和危险，但我们有战胜困难的决心和克服危险的勇气！俗话说'有备则无患'，对于未来面临的各种可能，我们已做好了充分且必要的准备，我们不仅看到了 RPA 技术为我们带来的新机遇，也看到了未来我们要面临的新挑战，机会与挑战总是并存，'两军相遇勇者战'，我相信机会一定比挑战更勇敢！让我们一起努力，共同谱写人生最艳丽的篇章吧，谢谢大家！"

会议室再度响起雷鸣般的掌声，很久很久。

【思维拓展】

本章案例中的大额查验标准是对明细表文件中的借贷发生额平均值来进行筛选的，但在实务工作中，也有依据项目经理的设计标准来进行筛选的。接下来请大家思考，应该如何将项目经理的设计标准应用于机器人中呢？